现代铜加工生产技术丛书

铜及铜合金精密带材生产技术

兰利亚　李耀群　杨海云　编著

北　京
冶　金　工　业　出　版　社
2009

内容简介

本书是《现代铜加工生产技术丛书》之一，全面、系统地介绍了铜及铜合金精密带材生产工艺、技术、设备与质量控制等。全书共分10章，内容包括：铜及铜合金精密带材生产技术现状及发展趋势、铜及铜合金精密带材的用途及产品技术要求、铜及铜合金精密带材轧制的基本原理及受力分析、铜及铜合金精密带材轧制工艺参数计算、铜及铜合金精密带材轧制过程中的工艺润滑、铜及铜合金精密带材的生产、铜及铜合金精密带材生产中主要设备选择、铜及铜合金精密带材生产的主要工具、铜及铜合金精密带材生产中的质量控制、铜及铜合金精密带材生产中质量检测主要设备与控制等。

本书可供铜及铜合金带材生产的工程技术人员和技术工人阅读，也可供从事有色金属材料与加工的科研、设计、教学、生产和应用等方面的技术人员与管理人员使用，同时可供企业技工培训和大专院校有关专业师生参考。

图书在版编目（CIP）数据

铜及铜合金精密带材生产技术/兰利亚，李耀群，杨海云编著．—北京：冶金工业出版社，2009.6
（现代铜加工生产技术丛书）
ISBN 978-7-5024-4917-9

Ⅰ.铜…　Ⅱ.①兰…　②李…　③杨…　Ⅲ.①铜—带材—生产工艺　②铜合金—带材—生产工艺　Ⅳ.TG335.5

中国版本图书馆CIP数据核字（2009）第066982号

出 版 人　曹胜利
地　　址　北京北河沿大街嵩祝院北巷39号，邮编100009
电　　话　（010）64027926　电子信箱　postmaster@cnmip.com.cn
责任编辑　张登科　美术编辑　李　新　版式设计　张　青
责任校对　栾雅谦　责任印制　牛晓波
ISBN 978-7-5024-4917-9
北京百善印刷厂印刷；冶金工业出版社发行；各地新华书店经销
2009年6月第1版，2009年6月第1次印刷
148mm×210mm；7.875印张；232千字；238页；1-3000册
30.00元

冶金工业出版社发行部　电话：(010)64044283　传真：(010)64027893
冶金书店　地址：北京东四西大街46号(100711)　电话：(010)65289081
（本书如有印装质量问题，本社发行部负责退换）

《现代铜加工生产技术丛书》

编写组成员

组　　长　李耀群

副 组 长　张登科

撰稿专家　（按姓氏笔画排序）

马可定　王碧文　兰利亚　刘永亮

刘华山　杨丽娟　汪明朴　肖恩奎

李耀群　范顺科　易茵菲　居敏刚

赵宝良　钱俏鹂　郭　莉　曹建国

梅恒星

前　言

近几十年来，我国铜加工业发生了巨大的变化，许多企业通过引进、消化、吸收和自主创新，一大批新技术、新工艺、新材料、新装备得到推广和应用，已建成几十条现代化生产线，部分铜加工企业工艺、技术、装备、管理水平已从分散、落后向规模化、专业化、高要求方向发展，一大批高精尖产品不但满足了国内经济建设的需要，而且大量出口国外，2004 年我国已经成为世界铜加工材生产和消费第一大国。但是，我们应当清醒地看到，我国铜加工工业尤其是精密铜带的生产技术与国际先进水平相比还有较大差距，特别是自主创新能力方面还较低，须加快步伐，提高我国铜加工产品在国际市场上的竞争能力。为此，作者在总结了长期以来在生产第一线从事铜及铜合金精密带材生产的实际经验与大量科研开发工作的基础上，参考和吸收了国内外有关方面的研发成果和经验，编写了本书，以期推广国内外的先进技术和生产经验，使我国铜及铜合金精密带材生产技术尽快赶上世界先进水平，并对促进我国铜及铜合金带材生产技术的发展有所裨益。

本书详细地介绍了铜及铜合金精密带材生产工艺、技术与设备等。内容主要包括：铜及铜合金精密带材生产现状及发展趋势、铜及铜合金精密带材的用途及产品技术要求、铜及铜合金精密带材轧制基本原理及受力分析、铜及铜合金精密带材轧制工艺参数计算、铜及铜合金精密带材轧制过程中的工艺润滑、铜及铜合金精密带材生产、铜及铜合金精密带材生产中主要设备选择、铜及铜合金精密带材生产的主要工具、铜及铜合金精密带材生产中的质量控制、铜及铜合金精密带材质量检测主要设备与控制等；并列举了大量在生产中容易出现的技术、质量难题及解决方法。在内容组织与结构安排上，力求理论联系实际，切合生产实际需要，突出实用性、先进性和行业特色，为广大读者提供一本实用的技术著作。

本书可供铜及铜合金带材生产的工程技术人员、技术工人阅读，也可供从事有色金属材料与加工的科研、设计、教学、生产和应用等方面的技术人员与管理人员使用，同时可供企业技工培训和大专院校有关专业师生参考。

本书主要由兰利亚撰写，李耀群、杨海云撰写了部分内容。

本书在编写过程中，得到了李名洲、钟卫佳、李宏磊、夏立信、赵振忠、雷春明 、陈炳兴、黄永泉、席学义、秦光文、吕孝良、杨镇、王建国、龚寿鹏、吕德贵、王永如、李珠、韩新正等专家和不少工程技术人员的大力支持和帮助，同时参考了国内外有关专家和学者的一些文献资料和企业的一些图表、数据等，并在出版过程中，得到了宁波金田铜业（集团）股份有限公司董事长楼国强、常务副总裁杨建军，中铝洛阳铜业有限公司总经理钟卫佳，山东菏泽广源铜带股份有限公司董事长冯天杰，北京冶金工程技术联合开发研究中心（北京冶金正源科技有限公司）总经理苗德纯等企业和领导的大力支持，在此一并表示衷心的感谢！

由于作者水平有限，书中不妥之处，恳请广大读者批评指正。

作　者

2008 年 12 月

目　录

1 铜及铜合金精密带材生产技术现状与发展趋势

1.1 概述

近几十年来，我国铜加工业发生了巨大变化，铜板带生产技术也出现了突飞猛进的发展。据历史记载，早在1492年就出现铜板的生产，那时轧机是用人力传动的。1784年出现了以蒸汽为动力传动的轧机。从1850年至第二次世界大战这段时期，铜板带加工与钢材一样在生产规模及加工技术方面都取得了很大进展，如直流传动可逆式轧机诞生、罗恩式及森吉米尔式的二十辊轧机已开发出来。1910年左右开始采用带式法生产铜及铜合金板带材，同时热轧技术得到迅速发展。黄铜的开坯从原来的只能冷轧变为热轧。第二次世界大战后至20世纪60年代末，工业发达国家中铜板带加工领域出现一系列新成就，使生产方式由小批量向大批量转变，装备由半机械化向机械化、自动化过渡。在此期间，X光测厚、带卷焊接、AGC厚控系统、锡磷青铜水平连铸等新技术均已问世。70年代以来，人们重视新品种、新技术的开发，如框架用材料近年来发展迅速，结合市场预测已开发出70多个品种，并形成规模性生产，使铜板带产品在加工铜材中占有比例愈来愈大，并成为应用范围最广的品种之一。现在铜板带产品在加工铜材中所占比例已约为18%，其中生产难度最大、质量要求最高的应属精密铜带。所谓“精密”，就是铜带在使用中对其精度、表面质量、性能提出了更多、更高、更严的要求，精密铜带主要应用于电气、电子工业，建筑及运输、机械、仪表、轻工、日用品以及军工等其他领域。

自2004年以来，我国的铜材生产与消费量位居世界第一时，铜板带的生产与消费量也同时成为世界第一，但其中精密铜带仍需大量进口，每年的进口量大约均为 27 万 t，占国内铜带生产总量的 1/3，说明精密铜带的生产仍是我国铜板带生产中一个重要课题，潜在的市场仍很可观。

1.2　国外铜及铜合金精密带材生产技术的发展

国外从 20 世纪五六十年代就完成了精密铜带由块式法生产转化为带式法生产。随着生产技术不断创新，设备不断更新，精密铜带的生产技术到 70 年代趋于成熟，到 20 世纪末已达到很高水平：带卷的单位宽度重量已超过 15kg/mm，卷重达 20～35t；轧制速度达 1200m/min；带厚精度可控制在 ±0.003mm 以内，表面质量与板形均达到较佳状态。

1.2.1　铜及铜合金精密带材卷重增大

为了提高生产效率和成材率，提高性能、公差的一致性，卷重愈来愈大，如某公司生产扁锭为 320mm×1300mm，卷重达 25t，仅熔铸成品率就可提高 5%～7%。

1.2.2　宽带坯连铸连轧工艺获得成功

宽带坯采用连铸连轧方式在德国某公司经过四年的技术开发终于获得成功，其工艺与半连续铸锭、加热、热轧开坯相比，可节能 40%，提高生产效率 1/3，单位产品投资节省 40%，但此生产方式适合于产量大，品种单一的产品，且初期稳定工艺难度大、投资也较大。

1.2.3　热轧技术

热轧技术的发展如下：

（1）为提高热轧带坯的厚度公差，选用 AGC 厚控闭环控制系统，并以温度、辊缝及压力监测的数据通过计算机软件进行参数计算处理，以获得精确的厚度公差，使长带坯纵向厚度控制在 ±1% 以内。

（2）为防止裂边，增强立辊功能，实现轧后宽度自动控制。

（3）为提高生产效率，减少轧制道次，提高终轧温度，采用加大主电机功率的措施，以及上下辊分别传动的方式，通过计算机解决上下辊速度同步或不同步的调节（防带坯上翘、下钻）。另外，国外有些铜加工厂，为充分利用金属的热塑性，降低道次间的温降，还在辊道上配有隔热罩，效果显著。

（4）随卷径增大，为减少带坯层间的擦划伤，采用张力卷取的方式。

（5）国外在改造热轧机时，由于受厂房位置限制，采用缩短辊道长度，还有选用前后设置中间厚度热卷取的工作方式。

1.2.4　冷轧技术

（1）从冷轧机结构看，向多元化方向发展。如初轧机仍以单机四辊可逆式轧机为主，但二、三、四机架不可逆的连轧方式也有增长的趋势。从辊系看，不仅有二、四辊，也有选用六辊轧机做初轧机的，如德国的某公司就推荐这类轧机。中、精轧机仍以单机架可逆式轧机为主，但辊系结构趋向多样化，如四辊、六辊、十二辊及二十辊轧机等（要根据产品规格及技术要求选）。多辊轧机不仅有森吉米尔式或罗恩式的结构，近年来又发展牌坊式的结构，该结构可增大辊缝的开口度，便于处理断带及故障，也便于维护。当然轧机本体的刚度比不上森吉米尔式轧机。

（2）厚控系统，过去以反馈控制为主（又名厚度监控），现以VFC（Mass flow）质量流的控制为主。后者要求厚度、速度的检测精度高，软件设计优化好，在同样带坯条件下，其控制精度比前者提高1~2倍，厚度为1.52mm的带材，公差可控制在±0.003mm以内。

（3）板形控制，是目前铜板带生产中难度最大的课题。国外在精轧机上（尤其是二十辊轧机）普遍实现板形检测及自动闭环控制。例如某公司的板形自动闭环控制系统是根据轧机轧制时对控制命令的响应来建立的。每个执行机构的实际响应，可在线或通过理论模型获得，最终模型受实际运行数据的限制，通过数学函数表现出来，轧机中各种执行机构的综合作用在运行软件中建立起总模型。平直度控制系统则利用这一总模型的控制使轧机获得最佳平直度。

另外，在冷轧机上，国外不少公司已将CVC、EDC、SCR、ESS

等先进技术分别运用到不同类型的轧机上，使板形质量明显提高。21世纪已进入信息时代，对铜板带材品种及数量的需求不断增加，用于电子材料的质量标准逐步升级，其中板形质量及表面质量要求愈来愈高，尤其是表面质量呈现数量级的提升，随框架材料冲制腿数增多，引进的冲床速度不断提高，从原来的200次/min提高到500次/min以上。因此对材料质量的要求也越高。

(4) 表面质量控制。冷轧带材的表面质量重点围绕擦划伤、表面粗糙度及表面除油或除乳液等方面做了大量工作。目前难度最大的课题是成品道次出口侧表面除油或去乳液的有效手段尚未找到。目前大部分生产厂家均采用最后一道次降低轧速，损失生产效率的办法来解决，所以这仍为铜带生产中待攻克的难题。

1.2.5 热处理技术

(1) 卷式退火方式。国外主要选用罩式炉及箱式炉。罩式炉为带卷堆垛式放置（国外也有少数公司退薄紫铜带时选用三卷平放的大直径罩式炉，如美国黄铜公司），利用强迫循环方式加热，该技术的优化最早来自奥地利的Ebner公司，目前它们在该炉型的技术上也一直处在领先地位。近年来，在以下几方面作了较大的改进：

1）加强密封，实现高氢退火（还有选100%的氢气），炉罩密封由手动改为液压压紧，同时配置严格的安全措施；

2）为增大料卷的受热及冷却面积，并增加内罩强度，将内罩由平式改为波纹式；

3）为保证带材性能均匀，将强迫两级速度（10/37kW）循环电机改为变频无级调整电机转速并参与料温的自动控制，使铜合金的低温消除内应力退火得以在该炉型上实现，同时实现计算机两级管理（上位机、下位机），退火的各参数（温度、时间、炉压等）实现自动闭环控制。

箱式炉是20世纪50年代的技术，已逐渐被罩式炉替代。近几年容克公司对此类结构进行了较大改进，又开始生产这种类型的炉子，但运用尚不广泛，属单卷置入的方式。优点是生产效率高、投资成本低，但实现不了无氧化光亮退火（因频繁提升、关闭炉门），它仅适用于中间退火工序。德国 WSP 公司为解决卷重 25t 左右的带卷在罩式炉退火装炉时翻转困难，开发了一种单带卷梯式退火炉的新结构，特点是喷嘴沿带卷断面分布，带卷平放，以卷层间传热为主，它适于多品种小批量、大卷重的生产方式。

(2) 展开式退火方式。分立式连续退火及卧式连续退火两大类。这类炉子的优点是带材快速加热、产品性能均匀、生产效率高、综合质量好，但占地面积大、投资也大。在这类设备上，近年来技术发展迅速，尤其卧式气垫连续退火线，表现在以下两方面：

1) 在炉子本体方面做了如下的改进：①在喷嘴系统上做了大的改进，各区设有两台风机，选用上下喷嘴独立控制，有利于浮力的准确调节，尤其适用于在一台炉子上厚度、宽度波动范围较大的带材退火。②炉口密封，过去用带间隙的炉口板，损坏快也无法密封，还易擦伤带材表面；现选用辊式、气帘式、气刀式等多种新技术，密封效果明显提高，同时，气式密封与带材无接触，不会损坏表面。③对特殊的喷嘴结构，（德国 WSP 公司）设计了最新的高性能喷嘴系统，使热传输能力大大增强，浮力增大（可浮起 2mm 厚的铜带），同时上下喷嘴间距也加大，便于喷嘴部分的清理、维护。

2) 在控制方式上采取了新技术：①炉内参数均通过 Master 系统实现闭环控制。操作者只需输入退火材料的规格、材质及炉温、料温的数据，就可计算出退火速度及喷嘴压力等。炉内风机的转速是通过矢量电机无级调速，根据退火过程的热平衡计算自动调节转速。②机列张力控制。选用间接张力、直接张力两种控制方式，形成分段闭环控制。

近年来，乌克兰科学院电动力学研究院开发了一种电加热装置，将线性感应电机旋转磁场感应加热法运用于铜板带材的连续退火炉上。其优点是加热速度快，机列可缩短，并能提高生产效率（对宽度 610mm 的带材，小时产量可达 10t）。但这种方法最大的缺点是带材宽度受到限制，同时冷却系统冷却不均匀，导致出口的铜带易出现扭曲，因此该方法仍在摸索中，尚未得到推广。

立式连续退火炉，除常规的以外，近年奥地利 Ebner 公司又推出一种新型高效塔式连续退火炉，其特点是炉体密封好，保护气体可选用高氢，炉内气氛的露点能达到 -55℃。所以，可实现无酸洗、刷洗的光亮退火。它适于薄紫铜、锡磷青铜带（0.05 ~ 0.8mm × 300 ~ 640mm）的生产。而一般展开式退火炉，保护性气体在流量及压力保证的前提下，露点仅能达到 -10℃。当然此类炉子在铜带的退火上刚开发出来，适用哪些范围、效果如何，有待进一步考察。

1.2.6 表面处理技术

近几年来，用户对铜板带材表面质量要求愈来愈高。国外设备制造商及生产厂家在这方面做了大量工作，而且取得了明显效果，具体表现在以下几方面：

（1）带坯铣削工序，在提升铣面铣边质量的同时，在铣削机列上增设了表面质量的在线检查（利用摄像机完成）、铣后局部修理及在线表面清洗、烘干装置，并加上衬纸设备。

（2）强化中间工序的酸洗、清洗工艺，同时在该机列上加强各种溶液（脱脂液、酸液、刷洗液及钝化液）的过滤处理。保证使用过程中溶液的清洁度，另外，对刷洗箱的结构及快速更换刷子的方法作了较大改进。目的是提高刷子轴承的使用寿命及缩短更换刷子间隙时间。为提高带材的表面光洁度，在刷子材质选择上也不断下功夫。脱脂方式上，除一般碱洗外，现又开发电解脱脂、高压喷射热水脱脂、清洗技术等，后者开发有利于环保。为防止带材在存储阶段出现变色，在该工序尾部均配置有钝化处理措施。

1.2.7 精整技术

精整工序是铜板带生产的最终工序，国外在该工序设备技术开发的速度很快，表现在以下几方面：

（1）为消除加工过程的残余应力，提高铜板带的板形质量，德国翁格尔公司开发了拉弯矫设备。该机列可根据来料板形缺陷进行分段调节；近年该公司又在此机列上自行开发适于本机列特点的板形仪，现已实现板形闭环控制，使矫后铜带的板形达到了 3 ~ 5I 单位。

（2）纵剪机列。重点在：

1）为提高剪切质量，德国某公司将轧机的辊缝调节技术运用到剪刃重叠量调节上，以实现自动调节；同时液压锁紧及张缩剪轴的新技术均运用到圆盘剪剪轴的结构改进上。

2）为防止剪切过程的表面擦伤和划伤，在开发新型张力装置上各国都下了功夫。过去传统的张力装置就是通过压板调节张力，这种方式在剪切时料与压板间产生相对运动导致带材擦划伤，这对表面质量要求高的产品是不允许的。为解决此问题，国外有的公司开发了辊式张力装置、履带式张力装置（德国某公司）及真空吸辊张力装置（德国弗洛林公司）等。已运用到铜带生产中，效果明显，但投资会适当增加，机列也会适当增长。

3）为保证被切多条带材均匀地卷紧、卷齐，美国某公司设计了新型的分离打滑式卷取机，其他公司还设计有分条张缩卷取机及排线式卷取机等。

4）为防止废品流至客户，在剪切机列上增设了关键的检测装置，如测厚装置、表面缺陷（针孔、划伤、起皮等）的检测仪、长度测量装置及宽度检测仪等。

5）为保证变压器带边部无尖角，预防工作时放电，现国外有的公司已研制出边部处理装置，使边部获得圆形或倒角边，效果显著，已被推广应用。

6）为保证剪切后带材的包装质量，国外大型工厂大部分配置了带材自动称重、标识、打捆、缠绕、包装等工序的自动生产线。

近年来，国外铜板带生产中，为减少中间工序的运输，提高生产效率及缩小设备占地空间，选择工序合并、组合的生产方式。如将热轧、铣面、冷轧机连成一体（如法国某公司），也有将清洗、轧制（平整）、拉弯矫线连成一体（如德国某公司）；这类方式适于品种少、产量大的企业。对多品种、产量小、工艺流程多变的品种是否适用有待探索，因不同品种对工序的要求不同，设备配置也需灵活些。

1.2.8 国外铜及铜合金精密带材生产技术发展趋势

以美、日、德铜加工发达国家为代表，在20世纪末期已基本完成了优胜劣汰、兼并重组的整合进程，建立了跨国集团并进行全球化经营，如 KME、Wieland、Olin、日本三菱公司等。以日本企业为代表，向精细方向发展，在引线框架材料等高精带材研发和生产上处于世界领先水平。

未来几年的发展趋势是企业数量和规模不会有太大变化，产量和产能也不会有太大增长，而产品品种会不断增加，产品质量会更加精益求精，更加节能环保。换句话说，在加工工艺上，向着精细化方向发展；在加工装备上，向着智能化方向发展；在企业建设上，向着大而强和专而精方向发展。

1.3 国内铜及铜合金精密带材生产技术的发展

1.3.1 市场需求促进了铜及铜合金精密带材的发展

20 世纪 80 年代是我国铜板带生产的分水岭，之前经历 50 年虽有所发展，但发展速度一般，到 1980 年，总产量不足 3 万 t，生产技术也很落后，基本均为块式或小带卷生产。表 1-1 列出了当时国内外铜板带技术水平的比较。

表 1-1 20 世纪 80 年代之前国内外铜板带技术水平比较

序号	项目	国内	国外
1	加热炉	环形炉、斜底炉、步进式加热炉	大、中型企业均采用步进炉
2	锭重	大多数小型企业锭重仅 20 ~ 40kg，少数大中型企业锭重在 1t 左右	锭重在 4 ~ 10t，最大 16t
3	热轧机	以中小型热轧机为主	大型热轧机开坯
4	热轧	多数厂采用铸锭铣面-热轧-酸洗，个别厂采用热轧后铣面	热轧后铣面
5	中轧	单机架，个别厂采用多机架	单机架或多机架
6	冷轧机速度	多数在 1m/s 以下，最高为 10m/s	20m/s
7	轧机控制	多数小型企业采用电动压下、手工操作；少数厂改造后采用液压压下、液压弯辊	多数液压压下，液压弯辊、板形控制

续表 1-1

序号	项目	国内	国外
8	带材退火	多数是钟罩式氧化退火，少数采用箱式连续退火炉	多数采用气垫炉和钟罩式光亮退火
9	带材公差	0.25mm ±0.01mm	0.25mm ±0.003mm
10	成品率	50% ~60%	70% ~80%
11	生产率	10t/人·年	50 ~240t/人·年

改革开放之后，由于国民经济不断持续、高速增长，促进了各行业对铜板带需求的大幅增加，从而催生了铜板带生产的快速发展，我国第一批技术改造的 10 个项目应运而生，这些项目基本上引进国外技术与设备。当上述生产线全部投产并发挥作用后，在 20 世纪 90 年代末期国内铜板带生产总量已近 20 万 t，2000 ~2007 年铜板带在铜加工材中的比例也达到约 18%，如表 1-2 所示。

表 1-2 2000 ~2007 年我国铜加工材和铜板带材主要品种的产量

年份	2000	2001	2002	2003	2004	2005	2006	2007
铜加工材产量/万 t	63.7	154.4	241.3	289	445.8	470.3	495.6	584
铜板带材产量/万 t	18.2	30.1	43.9	58.2	79.4	85.4	88.2	94.5
铜板带材在铜加工材中占比例/%	28.6	19.5	18.2	20.1	17.8	18.2	17.8	16.2

1.3.2 国内铜及铜合金精密带材生产中新技术的运用

（1）在无氧铜带生产中，开发成功潜流式水平连铸紫铜带坯的生产方法。无氧铜带用于电缆、电真空构件中的关键材料，要求含氧量在 $10 \times 10^{-4}\%$ 以下，一般采用精料密封感应熔炼技术获得含氧量合格的铸锭，其生产成本高、合格率低。为解决该问题，近年来国内某公司在该工序开发了“联体式潜流水平连续紫铜带坯的生产线”，生产厚度为 14 ~20mm、宽度为 200 ~610mm，卷重最大可达 3t 以上的带坯，含氧量控制在 $10 \times 10^{-4}\%$ 左右。该技术最初运用在管、棒的铸坯生产中，2005 年江苏某铜业集团已将该技术成功运用到无氧铜带坯生产中。传统的生产方法是将熔化的铜水通过流槽向铸造机倾倒输送金属液，它很容易在输送过程受到污染，使铸坯产生吸气、吸氧、夹杂等内部缺陷，直接影响后面带材的成品质量。新技术的特点是：熔化炉和保温炉处于同一炉体中，仅两炉中间加一隔墙，隔墙下部有两炉相通的通道，以潜流方式向铸造机补充金属液，避免了金属液在高温状态暴露在空气中及倾注时落差产生的冲击等不利因素，使吸气量得到严格控制。当然，这种生产方式在提高生产效率及稳定工艺、质量方面尚有待进一步改进和完善。

（2）连续挤压技术运用到带坯生产中，该技术首先运用到电缆、铜母线、铜型材及优质铜扁线等产品上，近期又成功地扩展到窄带坯的开发上，并取得实效，带坯宽度为 170mm，该技术的关键是控制金属在摩擦驱动下的材料变形过程，坯料温度升高压力加大，达到一定值后便从模孔中挤出，无需加热工序，节约能源。由于一次成形，简化了生产工序，缩短生产周期，同时可生产超长的带坯。但带坯宽度过窄，只适于小规模、专业化的生产企业。

（3）国内铜板带生产中加工装备的国产化速度迅速，科研、设计和制造也得到很大发展，实现了从辅机到主机，从单体设备到整条生产线，从仿制到有所创新等重大转变。如热轧机列、四辊冷轧机、罩式炉等已较普遍采用。国产化设备具有好的性价比，在保证基本要求的情况下，可以显著降低项目投资。

1.3.3 国内铜及铜合金精密带材生产技术发展趋势

（1）市场需求的高速增长再次激发精密铜带项目的增加。进入 21 世纪后，我国通讯、电力、电子、汽车等行业迅猛发展对精密铜带的需求在数量上和质量上都有大幅度的提高。虽然铜板带年产量从 2000 年的 18.2 万 t 增至 2007 年的近 95 万 t，但精密铜带仍满足不了市场需求。从 2001 年到 2007 年每年进口的铜板带分别高达17.1 万 t、16.3 万 t、20.2 万 t、23.7 万 t、27.3 万 t、27 万 t、23 万 t，其中绝大部分为精密铜带，进口量几乎占到生产量的 1/2 ~ 1/3，而且有逐年增多的趋势。从而促使一批规模大（10 万 t）的精密铜带项目陆续开工，预计达产后产能可新增 70 万 t；项目大都采用引进生产线。在这批大规模项目进行的同时，一批 3 万 t 左右的中型项目也在进行，且大多部分投产。到“十一五”末我国的铜板带总产能将突破160 万 t，比“十五”期间翻一番。但市场需求情况究竟如何，难以预测，有待决策单位做好综合考察，以防项目出现重复建设及恶性竞争的局面。

（2）扩大产品品种，开发新材料，以适应高档产品市场的需求。目前国内铜板带的生产处于中低档产品严重过剩、高档产品仍依赖进口的状况，若要改变，应根据市场需求抑制低档产品的生产，结合技术改造集中必要的人力、财力，抓好高档产品的开发与攻关。

（3）节约用铜，合理选用铜含量。我国铜矿品位低，大部分属贫矿，因此开采成本高。目前世界上发达国家人年均铜消耗量约为 10kg，我国人多铜少，人年均铜消耗量小于 1.0kg，因此，节约用铜与节约能源同样重要，如降低铜的熔耗、烧损，提高加工过程的成品率等；同时生产黄铜板带产品时，在不影响质量的前提下，严格控制铜含量，少吃新料，多用旧料，降低原料成本；其次重视废杂金属回收、分类及处理也是节约用铜的重要途径。

（4）积极采用国际标准，建立适应市场要求的铜及铜合金板带系列。为使铜及铜合金板带产品能适应参与国际竞争的能力，各档产品的技术标准必须吃透，所以建立自主的铜及铜合金板带系列十分必要，因此加强产品标准的研制是今后技术开发工作的一项重要任务。

从目前国内铜板带生产的发展看，应是跨进世界先进行列的重要时期，为适应现代科学技术日新月异的严峻挑战，我们必须采取科学方法，明确发展目标和方向，扎扎实实采取措施，迎头赶上世界先进水平。

1.3.4 国内铜及铜合金精密带材生产企业快速发展

国内铜及铜合金精密带材生产企业除了中铝洛阳铜业有限公司等国有企业以外，民营企业发展迅速，已建成了一大批精密铜带材生产线，其中比较突出的企业有：金田铜业集团、兴业铜业集团、紫金铜业集团、山东奥博特铜铝公司、浙江八达铜业公司、山东菏泽广源铜带股份有限公司、江苏万宝铜业集团有限公司等，这些企业生产的精密铜带材品种都比较专一，如金田铜业集团生产的精密铜带材主要为紫铜带和黄铜带，年生产能力为3万t左右，规格为(0.15~1.6)mm×(20~400)mm。山东菏泽广源铜带股份有限公司主要生产厚度0.03mm以上、宽度500mm以内的散热器精密铜带箔、电子电器精密铜带箔两大主导系列产品，年生产能力3万t。目前国内铜及铜合金精密带材生产企业正在快速发展，不断壮大，它们生产的精密铜带已广泛应用于电气、电子工业、建筑及运输、机械、仪表、轻工、日用品以及军工等其他领域，为我国的经济发展做出了积极的贡献。

2 铜及铜合金精密带材的用途及产品技术要求

2.1 铜及铜合金精密带材的用途

铜及铜合金具有独特的物理及化学性能，在各经济领域得到广泛应用。其中精密铜及铜合金带材也占有极为重要的地位，现根据其产品用途分五个领域介绍如下：

（1）电子工业领域。铜及铜合金精密带材是电子工业、电气工业最重要的基础材料之一。由于铜的导电率仅次于银，而比铝大 1.6 倍，随着电子、电气技术的发展，精密铜及铜合金带广泛应用于各类长电缆外导体的电缆带，如图 2-1 所示。用于生产箔绕式（干式）变压器的变压器带、电子接插件用铜合金带、微电机整流子用铜带；同时用于生产各类电子线路、集成电路用的框架材料，如图 2-2 所示。

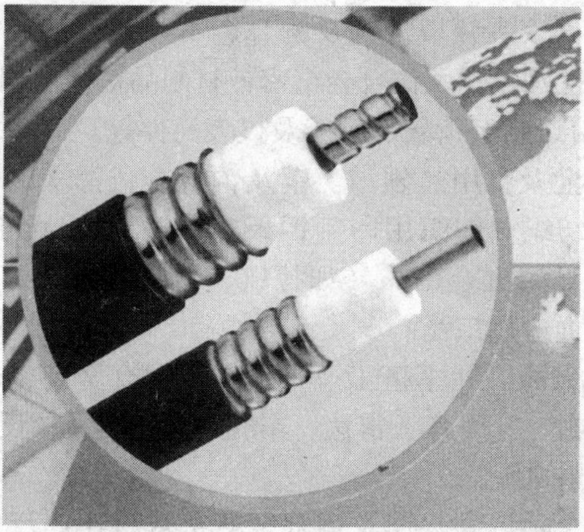

图 2-1　射频电缆示意图

真空系统、电工仪表、电话、电视、电脑等装备中的关键部件（如弹性元件、电真空器件、焊接内螺纹空调管等）大多是用铜及铜合金精密带材制成。

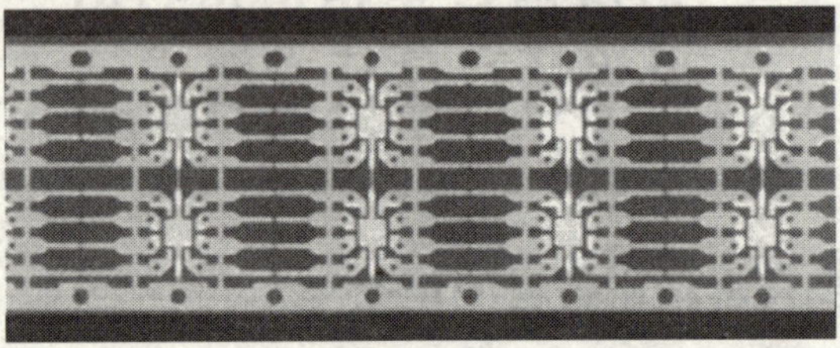

图 2-2 框架材料冲后示意图

（2）建筑及交通运输领域。由于铜及铜合金带材具有美观、使用寿命长及耐蚀性好，不需要经常维护及易于安装等优点，在现代建筑工程上得到广泛应用，尤其在国外，利用铜及铜合金带材制作建筑配件、装饰件、屋面板（此部分占美国铜板用量的40%以上，该板是通过铜及铜合金精密带材的生产方式生产）等愈来愈多。

铜及铜合金精密带材产品在交通运输领域也十分重要，在汽车、航海、造船及海洋工业中广泛应用，如水箱带、军舰上用的热交换器等，仅西欧大型舰艇每艘耗铜量就达40t左右。

（3）机械、仪表领域。铜及铜合金不仅强度高、弹性好，并且成形性及耐蚀性好，铜及铜合金精密带材制品被广泛用于制作弹性材料（如弹片等）、耐磨齿轮、轴承及仪表元件等。

（4）轻工业及日用品领域。铜及铜合金色泽美观，耐蚀性、耐磨性能好，在纺织（纺织用印染铜板、卡箍等）、化工、医疗器械、钟表、装饰及日用五金用品（如拉链、纽扣、餐具、灯头、手把及锁件等）等方面应用广泛。

（5）其他领域。在军事工业中，铜及铜合金精密带材是用于制作雷管、底火帽、穿甲弹、雷达、军舰、核潜艇及核反应堆等装置中不可缺少的材料之一。

除以上五个领域外，铜及铜合金精密带材还广泛应用于其他领域，如在造币行业用于制作硬币、纪念币及奖牌、奖章、奖杯等。

2.2 铜及铜合金精密带材的品种、规格及产品标准

铜及铜合金精密带材的品种、规格较多，随现代科学技术的发展，运用愈来愈广泛，在此不能一一叙述，现仅针对已公开的常用典型产品举例说明。

2.2.1 散热器水箱管用铜带

散热器水箱管用铜带基本参数如下：

（1）产品规格。厚度：0.1 ~ 0.20mm，

宽度：26 ~ 50mm。

（2）化学成分。铜：69.0% ~ 71.0%，其他应符合 GB/T 5231 中 H70 的规定。

（3）产品状态。H、H/2。

（4）性能要求。H 态：$R_m \geqslant 400 \sim 510$MPa，$A_{11.3} \geqslant 15\%$，HV = 125 ~ 145；

H/2：$R_m \approx 380 \sim 450$MPa，$A_{11.3} \geqslant 20\%$，HV = 110 ~ 130。

（5）带材厚度的允许偏差。±0.01mm。

（6）带材剪切后侧弯。不大于 1mm/1000mm。

（7）卷重。400 ~ 1200kg。

2.2.2 电缆带

（1）电缆带的牌号、状态和规格应符合表 2-1 的规定。

表 2-1 电缆带的牌号、状态和规格

牌 号	供应状态	规格/mm	
		厚 度	宽 度
C10100、C10200 等	S（软）、H/8、H/4	0.1 ~ 0.70	20 ~ 305

注：1. 供需双方协商，也可供应其他牌号、状态和规格的带材；

2. 产品的长度由供需双方商定。

（2）电缆带的力学性能应符合表 2-2 的规定。

表 2-2 电缆带力学性能

牌 号	状 态	抗拉强度 R_m/MPa	屈服强度 $R_{p0.2}$/MPa	伸长率 $A_{11.3}$/%	维氏硬度 HV
C10100、C10200	S	200 ~ 260	65 ~ 100	≥35	50 ~ 60
	H/2	220 ~ 275	70 ~ 105	≥32	50 ~ 65
	H/4	235 ~ 290		≥30	55 ~ 70
C10300	S	220 ~ 270	70 ~ 110	≥30	50 ~ 65
	H/2	230 ~ 285	75 ~ 120	≥28	55 ~ 70
	H/4	245 ~ 300		≥25	

注：厚度小于 0.20mm 的带材，力学性能由供需双方商定。

（3）外形尺寸及允许偏差。产品的厚度、宽度及允许偏差应符合表 2-3 的规定。

表 2-3 允许偏差

厚度/mm	厚度允许偏差（±）/mm		宽度/mm	宽度允许偏差（±）/mm	
	普通级	较高级		20 ~ 100	>100 ~ 305
0.10 ~ 0.30	0.010	0.008	20 ~ 305	0.10	0.20
>0.30 ~ 0.50	0.015	0.010			
>0.30 ~ 0.50	0.020	0.015			

注：需方要求单向偏差时，其值为表中数值的 2 倍。

（4）晶粒度。需方有要求并在合同中注明时，可进行晶粒度的检测。带材的晶粒度应符合表 2-4 规定。

表 2-4 晶粒度要求

牌 号	状 态	晶粒度/mm
C10100、C10200、C10300	S	0.015 ~ 0.035
	H/2	0.005 ~ 0.015

（5）电性能。在 20℃ 的温度下测试，带材的电性能应符合表 2-5 的规定。

表 2-5 电导率的要求

合金牌号	状 态	电导率（不小于）/% IACS	电阻系数（不大于）/$\Omega \cdot mm^2 \cdot m^{-1}$
C10100	S	100	0.017241
	H/8	99	0.017415
	H/4	98	0.017593
C10200	S	99	0.017415
	H/8	98	0.017593
	H/4	97	0.017774
C11000	S	98	0.017593
	H/8	97	0.017774
	H/4	96	0.017959
C10300	S	90	0.019156
	H/8	89	0.019372
	H/4	88	0.019592

2.2.3 微电机整流子用铜带

（1）合金牌号：C10500。

（2）化学成分：$w(Cu + Ag) \geqslant 99.96\%$，$w(Ag) = 0.027\% \sim 0.042\%$，$w(O_2) \leqslant 0.002\%$。

（3）产品状态：3/4H。

（4）产品规格。厚度：0.4 ~ 3.0mm，厚度允许偏差：±0.01mm ~ ±0.03mm，宽度：24.0 ~ 600mm。

（5）性能要求。电导率不小于98% IACS，硬度 HV 为 95 ~ 115。

（6）材料要求。无内应力。

2.2.4 变压器带

（1）带材的牌号、状态和规格应符合表 2-6 的规定。

表 2-6　变压器带的牌号、状态、规格

牌　号	供应状态	规格/mm	
		厚　度	宽　度
C10300 等	S（软）	0.1～<0.5	≤600
		0.5～2.5	≤1000

注：经供需双方协商，也可供应其他牌号、状态和规格的带材。

（2）化学成分。C10300 等牌号的产品化学成分应符合 GB/T 5231 中相应牌号的规定。

（3）外形尺寸及允许偏差。

1）带材的厚度及厚度允许偏差应符合表 2-7 的规定。

表 2-7　厚度允许偏差

厚度/mm	宽度/mm							
	≤200		>200～400		>400～600		>600～1000	
	允许偏差（±）/mm							
	普通级	较高级	普通级	较高级	普通级	较高级	普通级	较高级
0.10～0.20	0.010		0.015	0.010	0.015	0.010		
>0.20～0.30	0.015	0.010	0.020	0.015	0.020	0.015		
>0.30～0.50	0.020	0.015	0.025	0.020	0.030	0.020	0.050	0.040
>0.50～0.70	0.030	0.025	0.035	0.030	0.040	0.035	0.060	0.050
>0.70～1.10	0.040	0.035	0.045	0.040	0.050	0.045	0.070	0.060
>1.10～1.50	0.050	0.045	0.055	0.045	0.060	0.055	0.080	0.070
>1.50～2.50	0.055	0.050	0.060	0.055	0.080	0.070	0.100	0.090

注：当需方要求单向偏差时，其值应为表中数值的 2 倍。

2）带材的宽度及宽度允许偏差应符合表 2-8 的规定。

3）带材的外形应平直，允许有轻微的波浪。带材的侧边弯曲度应不大于 2mm/m。

表 2-8　宽度允许偏差

宽度/mm	厚度/mm					
	≤1.0		>1.0~1.5		>1.5~2.5	
	允许偏差(±)/mm					
	普通级	较高级	普通级	较高级	普通级	较高级
≤100	0.2	0.10	0.3	0.20	0.4	0.25
>100~300	0.3	0.15	0.4	0.25	0.5	0.30
>300~600	0.5	0.30	0.6	0.40	0.6	0.50
>600~1000	0.8	0.60	0.8	0.70	0.8	

注：当需方要求单向偏差时，其值应为表中数值的 2 倍。

4）带材的边缘分为三种：剪切边、圆角和圆边。圆角如图 2-3 所示。带材边部不应有尖角、粗糙或凸出的边棱。圆边如图 2-4 所示。*A* 点允许为尖角，但不应为粗糙或凸出的边棱。

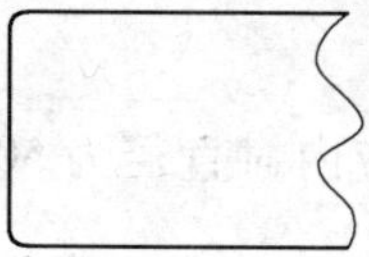

图 2-3　圆角

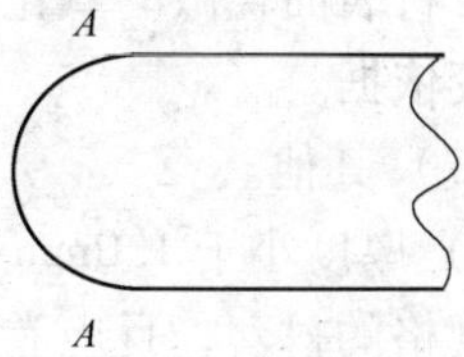

图 2-4　圆边

5）带材的剪切边应切齐，无裂边和卷边。厚度不小于 0.4mm 的带材，其边部毛刺应不大于 0.05mm；厚度小于 0.4mm 的带材，其边部毛刺应不大于 0.03mm。

（4）力学性能。带材的室温拉伸试验、维氏硬度试验结果应符合表 2-9 的规定。需方有要求并在合同中注明时，方予进行硬度试验，但其结果仅供参考。

表 2-9　带材力学性能

牌　号	状　态	抗拉强度 R_m/MPa	伸长率 $A_{11.3}$/%	维氏硬度 HV
		不小于		
C10200，C10300	S	195	35	45~65

注：厚度小于 0.2mm 的带材，其试验结果仅供参考。

（5）电性能。在20℃的温度下测试，带材的电性能应符合表2-10的规定。

表 2-10　带材电性能

牌　号	电导率(不小于)/% IACS	电阻系数（不大于）/$\Omega \cdot mm^2 \cdot m^{-1}$
C10200	100	0.017241
C10300	98	0.017593

注：电导率和电阻系数任选一种，并在合同中注明；未注明时，则测试电导率。

（6）外观质量。带材的表面应光滑、清洁，不允许有分层、裂纹、起皮、起刺、气泡、压折、夹杂和绿锈。

带材的表面允许有轻微的、局部的、不使带材厚度超出其允许偏差的划伤、斑点、凹坑、辊印等缺陷。

带材表面轻微的氧化发红、发暗和轻微的、局部的油迹、水迹不作判废依据。

（7）其他。

1）厚度小于1.0mm的带材，每卷带材应内衬直径为500mm或其他规格的衬套，且应卷紧、卷齐。

2）当带材按重量交货时，允许超重部分不大于订货量的10%。

2.2.5　框架材料

铜合金框架材料按性能可分为以下五类：

（1）高导、低强度的铜合金材料。电导率要求大于80% IACS、强度在400MPa左右，是以低锡、低磷、低银或低铁系铜合金为主。

（2）中导、中强度的铜合金材料。电导率为60%～79% IACS、强度在400～650MPa之间，是以含铁（含量较高，如C194合金）、镍、硅、铬等为添加元素的铜合金，属析出硬化型合金。

（3）低导、中强度的铜合金材料。电导率为30%～59% IACS、强度在400～600MPa之间，如C197等。

（4）低导、高强度的铜合金材料。电导率为25%～59% IACS、强度在600 ~750MPa之间，如C7025、KLF等合金，它们属固溶强化型合金。

（5）超高强度的铜合金材料。它是近几年来工业发达国家新开发的产品，它具有较好的成形性及散热性，用于多脚的OFP、TSOP等集成电路上，带材厚度小于0. 15mm、电导率为36% IACS左右，强度大于800MPa，属沉淀硬化型合金。

下面以C19400为代表，从化学成分、尺寸及允许偏差、力学性能等方面来介绍铜合金框架材料。

（1）材料的化学成分。C19400的化学成分如表2-11所示。

表2-11　C19400材料的化学成分

牌　号	化学成分/%				
	w(Fe)	w(P)	w(Zn)	w(Cu)	w(Pb)
C19400	2. 1 ~2. 6	0. 015 ~0. 15	0. 05 ~0. 20	≥97. 0	≤0. 03

（2）材料的尺寸及允许偏差。C19400材料的厚度允许偏差如表2-12所示，宽度允许偏差如表2-13所示。

表2-12　C19400材料的厚度允许偏差

规格范围		厚度/mm				
		0. 10 ~0. 30	>0. 30 ~0. 50	>0. 50 ~1. 2	>0. 30 ~0. 50	>0. 30 ~0. 50
允许偏差（±）	普通级	0. 010		0. 030	0. 060	0. 080
	较高级	0. 005	0. 008	0. 015		

注：需方只需要单向偏差时，其值为表中数值的2倍。

表2-13　C19400材料的宽度允许偏差

规格范围	宽度/mm		
	18 ~200	>200 ~300	>300 ~600
允许偏差（±）	0. 03	0. 05	0. 1

注：1. 需方只要单向偏差时，其值为表中数值的2倍；

2. 600mm宽的带材可不切边交货。

（3）材料的力学性能。C19400材料力学性能如表2-14所示。

表 2-14 C19400 材料的力学性能

状态	生产厂家（厚度≥0.2mm）								
	中国台湾某公司			欧洲某公司			美国某公司		
	R_m /MPa	$A_{11.3}$ /%	硬度 HV	R_m /MPa	$A_{11.3}$ /%	硬度 HV	R_m /MPa	$A_{11.3}$ /%	硬度 HV
O	310 ~ 380	>25	90 ~ 115				275.8		
H/2	365 ~ 440	>5	110 ~ 135	370 ~ 430	≥6.0	115 ~ 135	365 ~ 434	≥6.0	115 ~ 135
H	420 ~ 490	>3	125 ~ 145	410 ~ 480	≥4.0	130 ~ 150	414 ~ 483	≥4.0	130 ~ 150
EH	460 ~ 510	>2	135 ~ 150				462 ~ 503		
SH	480 ~ 530		140 ~ 160	480 ~ 530	≥4.0	140 ~ 160	483 ~ 524	≥4.0	140 ~ 160
ESH	500 ~ 560		>145	530 ~ 570		150 ~ 170	503 ~ 552		150 ~ 170

（4） 材料的其他要求。C19400 材料的其他要求如下：

1） 电导率：≥60% IACS。

2） 带材的侧边弯曲度：应不大于 1mm/1000mm，要求带材不能显示“S”形。

3） 扭曲度（TWIST）：最大 10°/1000mm。

4） 横弯（CROSSBOW）：最大 0.2mm/宽度（mm）。

5） 卷弯（CURL）：最大 80mm/1000mm。

6） 带材的边部毛刺：应不大于 0.02mm。

7） 表面粗糙度（R_a）：应不大于 0.12μm。

（5） 材料的软化温度。C19400 材料的软化温度应符合表 2-15 的规定。

表 2-15 C19400 材料的软化温度

合金牌号	状 态	软化温度/℃	保温时间
C19400	1/2H、H	480	3min
	EH、SH、ESH	表注 2	

注：1. 材料在软化温度按要求的保温时间退火后，其硬度不小于原始硬度值的 80%；
2. EH、SH、ESH 状态材料的软化温度试验根据用户的具体使用条件进行；
3. 软化温度试验为选择项，按用户合同要求进行。

2.2.6 锡磷青铜带

（1）牌号：C52100 等，化学成分如表 2-16 所示。

表 2-16 化学成分

牌 号	化学成分(不大于)/%(余量和范围值除外)					
	w(Cu)	w(Pb)	w(Fe)	w(Sn)	w(Zn)	w(P)
C52100①	余量	0.03	0.10	7.0~9.0	0.20	0.03~0.35
C51910	余量	0.05	0.10②	5.5~7.0	0.18	0.03~0.35

① $w(Cu+Sn+P) \geqslant 99.7\%$；
② $w(Fe+Ni) \leqslant 0.1\%$。

（2）状态：S、H/4、H/2、H、EH。
（3）产品规格及厚度、宽度允许偏差：如表 2-17、表 2-18 所示。

表 2-17 允许偏差

厚度/mm	宽度/mm					
	≤200		>200~305		>305	
	厚度允许偏差(±)/mm					
	普通级	较高级	普通级	较高级	普通级	较高级
0.10~0.30	0.010	0.008	0.010	0.008	0.015	0.010
>0.30~0.50	0.015	0.010	0.015	0.010	0.020	0.015
>0.50~0.70	0.020	0.015	0.020	0.015	0.025	0.020
>0.70~1.10	0.030	0.025	0.035	0.025	0.035	0.030
>1.10~1.50	0.035	0.030	0.040	0.035	0.045	0.040
>1.50~2.0	0.040	0.035	0.050	0.040	0.060	0.050
>2.0~2.50	0.050	0.040	0.060	0.050	0.070	0.060

注：当需方要求单向偏差时，其值应为表中值的 2 倍。

表 2-18　允许偏差

类　型	宽度/mm	厚度/mm			
		0.1～0.5	>0.5～1.0	>1.0～2.0	>2.0
		宽度允许偏差(±)/mm			
带　材	≤305	0.15	0.25	0.30	0.50
	>305	0.20	0.30	0.40	0.60

注：当需方要求单向偏差时，其值应为表中值的2倍。

（4）力学性能：如表2-19所示。

表 2-19　力学性能

牌　号	状　态	抗拉强度 R_m/MPa	伸长率 $A_{11.3}$/%	维氏硬度 HV
C51910	软（S）	310～395	≥40	90～110
	1/4硬（H/4）	395～490	≥35	110～150
	半硬（H/2）	490～600	≥20	150～180
	硬（H）	590～680	≥10	180～210
	弹硬（EH）	≥650	≥5	≥200
C52100	软（S）	350～440	≥45	
	1/4硬（H/4）	390～490	≥40	130～160
	半硬（H/2）	480～600	≥27	160～190
	硬（H）	590～705	≥20	190～210
	弹硬（EH）	680～785	≥11	210～230

注：1. 拉伸试验和硬度试验任选一种；
2. 维氏硬度按不大于20的范围值控制。

（5）带材的侧边弯曲度：应不大于1mm/m。

（6）带材的切边：两边应切齐，不应有裂边和卷边。

（7）带材的室温力学性能：应符合表2-19的规定，需方有要求并在合同中注明时，方予进行硬度试验。

（8）弯曲试验。需方如有要求，并在合同中注明时，可进行弯曲试验。弯曲试验应符合表2-20的规定。弯曲处不应有肉眼可见的裂纹。

表 2-20　弯曲试验

牌　号	状　态	厚度/mm	弯曲角度/(°)	内侧半径
C51910 C52100	软（S）	≤2	180	0.5 倍带厚
	1/4 硬（H/4）			1 倍带厚
	半硬（H/2）			1.5 倍带厚
C51910	硬（H）			2 倍带厚
C52100	硬（H）			3 倍带厚

本章所述的产品技术规格和要求大部分是通用的，有的属于部分用户提出的特定要求。今后产品标准要根据用户需求而订，所以应充分了解产品用途，结合本企业的装机水平，编制合理的工艺流程及工艺参数，以保证生产出满足市场需求的产品。目前国内外大部分生产企业针对用户的特殊要求，编制了企业专用标准。

2.2.7　部分国家铜及铜合金常用牌号

为了工作中便于查找，现将几个国家常用的铜及铜合金主要牌号对照列出，如表 2-21 所示。

表中所示属于已查到的牌号，有些国家的某些牌号尚未找到相应的表示符号。此表仅供参考。

表 2-21　部分国家铜及铜合金常用牌号对照表

材料名称	相应牌号						
	GB（中国国标）	ISO（国际标准）	ASTM（美国标准）	JIS（日本标准）	ГОСТ（前苏联标准）	DIN（德国标准）	BS（英国标准）
纯铜	T2	Cu-FRHC	C11000	C1100	M1	E-Cu58	C101
	T3	Cu-FRTP	C12500		M2		C102
无氧铜	TU1		C10100	C1011	M0ь		
	TU2	Cu-OF	C10200	C1020	M1ь	OF-Cu	C103
磷脱氧铜	TP1	Cu-DLP	C12000	C1201	M1p	SW-Cu	
	TP2	Cu-DHP	C12200	C1220	M1ф	SF-Cu	C106

续表 2-21

材料名称	相应牌号						
	GB（中国国标）	ISO（国际标准）	ASTM（美国标准）	JIS（日本标准）	ГОСТ（前苏联标准）	DIN（德国标准）	BS（英国标准）
含银无氧铜	TAg0. 05	CuAg0. 05	C10500	C1050	MC0. 05	CuAg0. 05	
简单黄铜	H90	CuZn10	C22000	C2200	J I90	CuZn10	CZ101
	H80	CuZn20	C24000	C2400	J I80	CuZn20	CZ103
	H70	CuZn30	C26000	C2600	J I70	CuZn30	CZ106
	H65	CuZn35	C27000	C2700		CuZn36	CZ107
	H62	CuZn40	C28000	C2800	J I60		CZ109
复杂黄铜	HSn 62-1	CuZn38Sn1	C46400	C4620	J IO62-1	CuZn38Sn1	CZ112
	HSn70-1	CuZn28 Sn1	C44300	C4430	J IO70-1	CuZn28 Sn1	CZ111
铁青铜	QFe 0. 1	CuFe	C19210	C1921			
	QFe2. 5	CuFe	C19400	C1940			
锡磷青铜	QSn6. 5-0. 1	CuSn6	C51900	C5190	BP0ϕ6. 5-0. 15	CuSn6	PB103
	QSn7-0. 2	CuSn8	C52100	C5210	BP0ϕ7-0. 2	CuSn8	
铬青铜	QCr 0. 6-0. 4-0. 05	CuCrZr	C18100				CC102
铍青铜	QBe2. 0	CuBe2. 0	C17200	C1720	BP · B2	CuBe2	
	QBe1. 7	CuBe1. 7	C17000	C1700	BP · BHT1. 7	CuBe1. 7	CB101
白铜	BZn15-20	CuNi18Zn26	C77000	C7700	MH418-26		NS
	BNi3Si	CuNi3Si1Mg	C70250	C7025			

3 铜及铜合金精密带材轧制的基本原理及受力分析

3.1 轧制的基本原理

轧制过程是将轧件由摩擦力拉进旋转轧辊之间，受到压缩而进行塑性变形的过程，通过轧制使金属获得一定的尺寸、形状和性能。

为了弄清轧制过程的基本原理，就必须研究轧制过程中所发生的基本现象和建立轧制过程的条件。

虽然在轧制过程中采用不同的轧辊组合方式，但实际上被轧金属承受压下而产生塑性变形都是在一对工作辊中进行的。除了一些特殊辊系结构形式（如行星式轧机、Y形轧机等）外，均系在一对轧辊间轧制的简单情况，并以此作为研究轧制过程的模式。如图 3-1 所示。

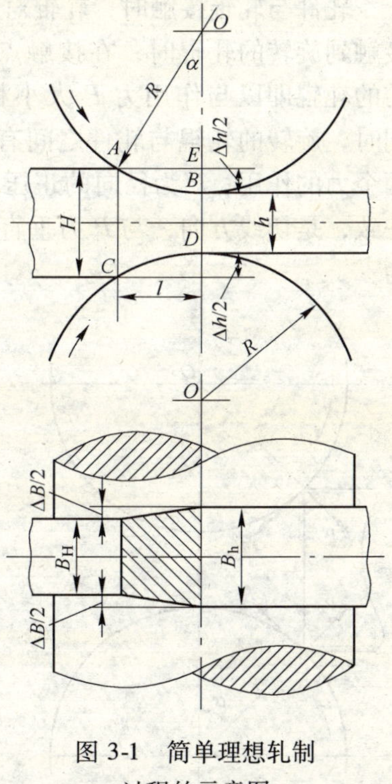

图 3-1 简单理想轧制过程的示意图

所谓简单理想轧制过程，即上下辊直径相同、转速相等，轧辊无切槽，均为传动辊，无外加张力或推力，轧辊为刚性。

根据体积不变条件，轧前、轧后的轧件体积是相等的，轧制时的绝对变形量（压下、延伸、宽展）分别用式 3-1、式 3-2、式 3-3 表示。

$$\Delta h = H - h \tag{3-1}$$

$$\Delta B = B_h - B_H \tag{3-2}$$

$$\Delta L = L_h - L_H \tag{3-3}$$

式中 H——轧前厚度，mm；

h——轧后厚度，mm；

B_H——轧前宽度，mm；

B_h——轧后宽度，mm；

L_H——轧前长度，mm；

L_h——轧后长度，mm。

轧制过程是否能建立，决定于轧件能否被旋转的轧辊咬入，因此研究分析轧辊咬入轧件的条件，具有非常重要的实际意义。

轧件与轧辊接触时，轧辊对轧件的作用力如图 3-2 所示，当轧件接触到旋转的轧辊时，在接触点上轧件以力 P 压向轧辊。因此，旋转的轧辊即以与作用力 P 大小相等、方向相反的力作用到轧件上；同时，旋转的轧辊与轧件之间有摩擦力 T，对轧件来说，受有 P、T 两个力的作用；P 为径向的正压力，T 为摩擦力，T 与轧辊旋转方向一致，是切线方向，与 P 力垂直。若按库仑摩擦定律，其摩擦系数 f 为：

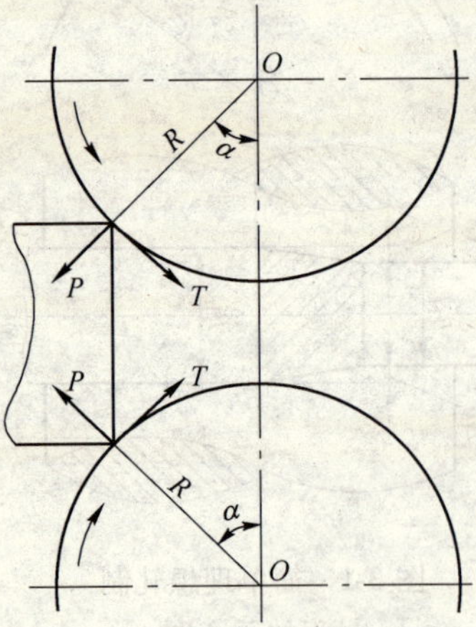

图 3-2 咬入时轧件受力分析

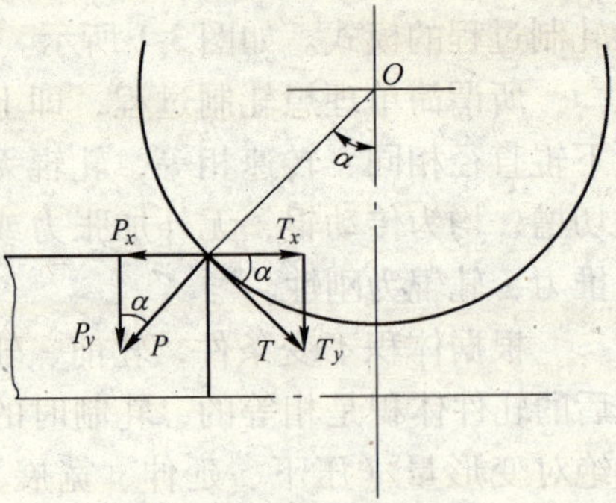

图 3-3 P、T 力的分解

$$f = T/P \tag{3-4}$$

式中　f——摩擦系数；

T——摩擦力；

P——径向的正压力。

从图3-3看出，力 P 为外推力，而 T 为拉入力，能否咬入要由它们谁占优势而定。图中垂直分力 P_y、T_y 是压缩轧件的，使轧件产生塑性变形，轧件才能咬入。水平分力 P_x 及 T_x 直接影响咬入，当 $P_x > T_x$ 时，咬入不了；而 $P_x < T_x$ 时，能够咬入。所以 $P_x = T_x$ 时，是咬入的临界条件。从图3-3可知：

$$P_x = P\sin\alpha \tag{3-5}$$

$$T_x = T\cos\alpha \tag{3-6}$$

当 $P_x = T_x$ 时，则 $P\sin\alpha = T\cos\alpha$

还可写成：

$$T/P = \sin\alpha/\cos\alpha = \tan\alpha \tag{3-7}$$

由式3-4及式3-7比较：

$$T/P = f = \tan\alpha$$

当 $\tan\alpha < f$ 时能咬入；而 $\tan\alpha > f$ 时不能咬入。我们若将摩擦系数 f 按物理学的概念，可以以摩擦角（β）来表示：

$$f = \tan\beta \tag{3-8}$$

由式3-7与式3-8联合分析看出，当 $\beta > \alpha$ 时，轧件可咬入。所以咬入的条件取决于咬入角与摩擦角之间的关系。

当轧件咬入后，发生塑性变形，若从平板压缩分析，金属向两个方向变形，它的分界线（或称中性线、中性面）偏向轧件出口侧；金属质点向入口侧流动形成后滑，向出口侧流动形成前滑，向两侧流动形成宽展，如图3-4所示。

从图3-4中可看出，在中性面处轧件与轧辊的水平速度相等，并以 V_γ 表示，在前滑区轧件的水平速度大于轧辊的水平速度，且出口处的速度 V_h 为最大；在后滑区轧件的水平速度小于轧辊的水平速度，并在入口处的速度 V_H 为最小，由此得出：

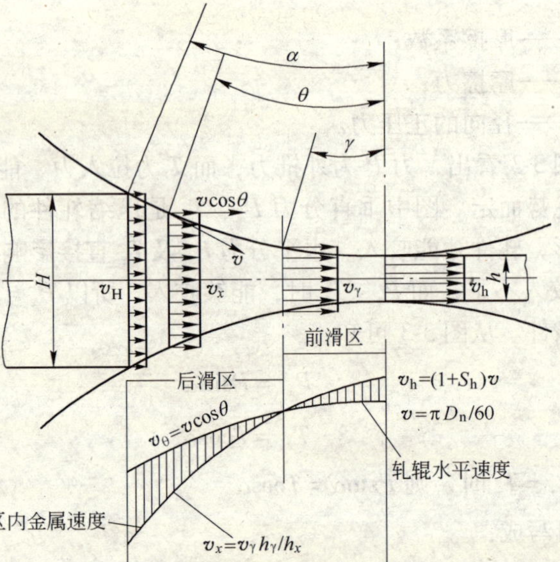

图 3-4　轧制过程的速度示意图

$$V_h > V_\gamma > V_H \tag{3-9}$$

研究轧制运动学条件有很大的实际意义，如在连轧机上要保持机架间带材张力不变，很重要的条件就是要维持前机架轧件出口的速度和后机架入口的速度相等并保持不变，这一条件通常称之为“秒流量体积不变”，又称“连轧常数”。

实际生产中，并非如上述的简单轧制情况那样理想化，而是有各种非简单轧制情况，如有附加外力（张力及推力等）及还有以下情况存在：

（1）变形沿轧件高度和宽度不可能均匀分布；

（2）金属质点沿轧件高度和宽度的运动速度也不可能均匀；

（3）轧制压力和摩擦力沿接触弧长度上分布也是不均匀的；

（4）作为变形工具的轧辊不是完全刚性的，会有弹性变形。

所以简单轧制过程是为研究方便而设计的理想模型，通过此分析便于建立轧制过程的基本概念。

3.2　二辊简单轧制的受力分析

3.2.1　无张力轧制的受力分析

所谓简单轧制，是指两轧辊辊径相等、都传动、圆周速度相同、轧件匀速运动，轧件除承受轧制力外无其他的外力作用。其轧辊受力状况如图3-5所示。

从图3-5看出，轧辊受的外力有法向力 N_1、N_2 和摩擦力 T_1、T_2。由于对称性，$N_1 = N_2$，$T_1 = T_2$，故二者的合力也相等。

即 $P_1 = P_2 = P_z$，而且 P_1、P_2 作用在同一直线上，并垂直于轧件的运动方向。故简单轧制过程的轧制力矩 M_{HP} 如式3-10所示。

$$M_{HP} = M_1 + M_2 = 2P_z a \tag{3-10}$$

式中　P_z——轧制力；

M_{HP}——轧制力矩；

M_1——上辊的轧制力矩；

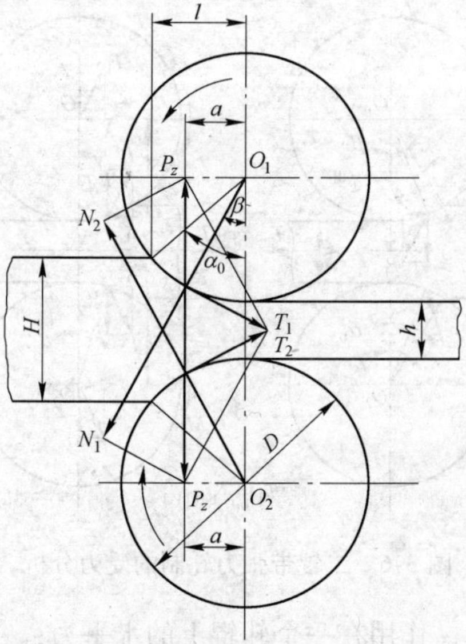

图3-5　简单轧制过程的受力分析

M_2——下辊的轧制力矩；

a——力臂。

设式 3-10 中的力臂 a 为：

$$a = \psi l_0 \tag{3-11}$$

式中 ψ——轧制力 P_z 相对轧辊中心的力臂系数；

l_0——接触弧长，mm。

则：

$$a = (D/2)\sin\beta \tag{3-12}$$

式中 D——轧辊直径，mm；

β——对应于 P_z 作用点的圆心角，(°)。

3.2.2 带张力轧制的受力分析

冷轧铜带均采用带张力轧制，因它可减少作用在轧辊上的轧制压力（尤其是后张力的影响更大），改善轧制条件，还可起到矫直带材、提高带材表面质量的效果。其受力状况如图 3-6 所示。

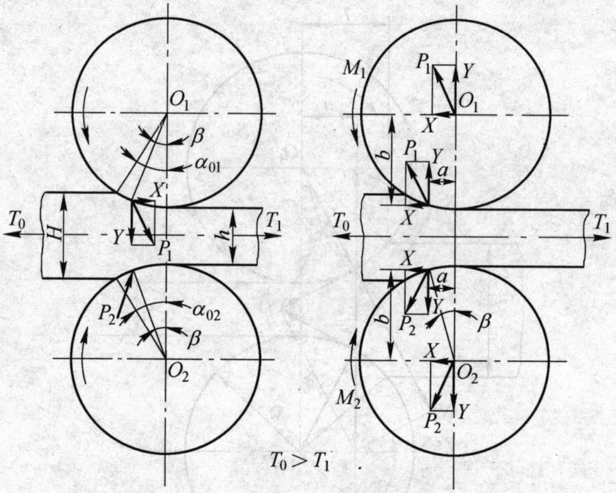

图 3-6 二辊带张力轧制的受力分析

从图 3-6 看出，作用在一个轧辊上的水平力：

$$X = (T_0 - T_1)/2 \tag{3-13}$$

式中 T_0——轧件的后张力；

T_1——轧件的前张力。

作用在轧辊上的垂直力：

$$Y = P_z$$

作用在两轧辊上的轧制力矩：

$$M_{HP} = P_z D\sin\beta + D\cos\beta(T_0 - T_1)/2 \tag{3-14}$$

式中 P_z——轧制力；

D——轧辊直径；

β——对应于 P_z 作用点的圆心角。

式 3-14 中的第一项属简单轧制时的力矩，而第二项是张力所引起的力矩。当 $T_0 > T_1$ 时，第二项为正值，即此时的轧制力矩比简单轧制过程的大；反之，当 $T_0 < T_1$ 时，第二项为负值，即此时的轧制力矩比简单轧制过程的小。说明后张力使轧制力矩增大，前张力使轧制力矩减小。实际生产中为稳定轧制，在电机功率允许的条件下，后张力微大于前张力。

3.3 四辊轧机的受力分析

四辊轧机的辊系由工作辊和支撑辊组成，轧制时作用在工作辊上的轧制力传递给支撑辊，使轧机具有较大的刚度，从而保证所轧带材的精度。

四辊轧机的传动方式可分为工作辊传动和支撑辊传动两种，由于传动方式不同，其辊系受力情况也不同。在此以讨论工作辊传动为主，简述支撑辊传动时的特点。

3.3.1 工作辊传动受力情况

工作辊传动受力情况如图 3-7、图 3-8 所示。一种是工作辊相对于支撑辊无偏移的辊系，用于可逆式轧机上；另一种是工作辊相对于支撑辊有偏移的，一般用于不可逆式轧机上（如连轧机）。

从图 3-7 看出轧制过程中，工作辊受一平衡力系的作用。由于作用在轧件上的张力的不同，可分为以下三种情况：

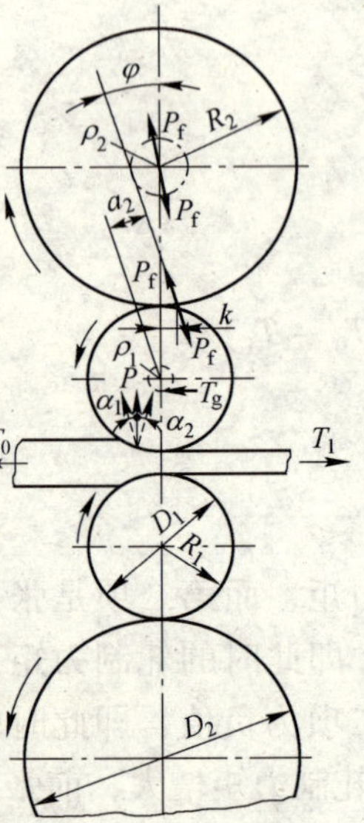

图 3-7　无偏移的受力分析

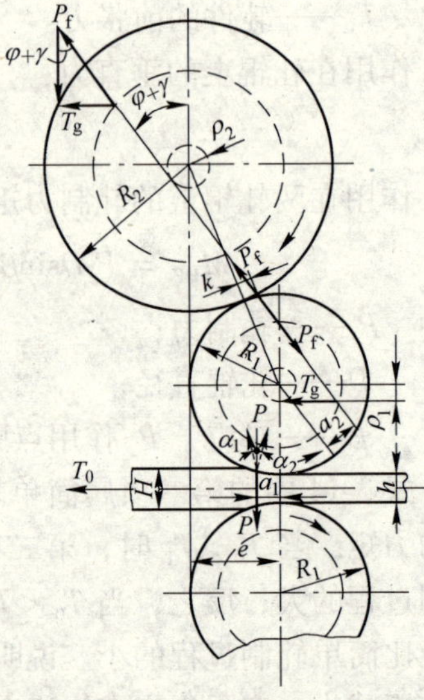

图 3-8　有偏移的受力分析

（1）当后张力 $T_0 > T_1$（前张力）时，工作辊与支撑辊间的相互作用力：

$$P_f = P(\cos\alpha_1/\cos\varphi) \tag{3-15}$$

$$T_g = P_f\sin\varphi - P\sin\alpha_1 \tag{3-16}$$

（2）当后张力 $T_0 < T_1$ 时：

$$P_f = P(\cos\alpha_2/\cos\varphi) \tag{3-17}$$

$$T_g = P_f\sin\varphi + P\sin\alpha_2 \tag{3-18}$$

（3）当后张力 $T_0 = T_1$ 时：

$$P_f = P(1/\cos\varphi) \tag{3-19}$$

$$T_g = P_f\sin\varphi \tag{3-20}$$

式中　P_f——工作辊与支撑辊间的相互作用力；

P——轧制力与张力在工作辊上的合力；

T_g——工作辊轴承座作用于工作辊的水平力；

φ——P_f 的作用线与工作辊和支撑辊连心线间的夹角；

α_1、α_2——P 的作用线与垂直线间的夹角。

图 3-8 示出工作辊相对于支撑辊有偏移的四辊轧机辊系受力情况。不可逆式轧机常采用这种辊系，该辊系的受力分析与图 3-7 所示的辊系受力情况相似，不同的仅是计算中的 φ 角以 $\varphi+\gamma$ 角来代替。

$$\gamma = e/(R_1 + R_2) \tag{3-21}$$

式中 e——工作辊相对于支撑辊中心的偏移量，mm；

R_1、R_2——工作辊、支撑辊辊身半径，mm。

3.3.2 支撑辊传动的受力情况

支撑辊传动的四辊轧机，工作辊直径可选小，有利于降低轧制压力，减少工作辊在轧制时的弹性压扁；同时，在一台轧机上可采用不同直径的工作辊进行轧制，以改善轧制条件，扩大轧材品种；尤其是目前在设计工作辊传动的四辊轧机时，传动扭矩往往受万向接手尺寸及强度的限制，而支撑辊传动就可加大传动扭矩，其辊系受力如图 3-9 所示。当然，支撑辊传动也存在齿轮机座尺寸加大、辊间容易打滑和工作辊水平挠度增大等缺点。因此当选用支撑辊传动的四辊轧机时，必须注意验算轧制过程中是否有辊间打滑的可能性。一般辊间打滑出现在 P_f 的水平分量大于辊间滑动摩擦力时，即：

$$\tan\varphi > \mu \tag{3-22}$$

式中 μ——辊间滑动摩擦系数；

φ——P_f 的作用线与工作辊和支撑辊连心线间的夹角。

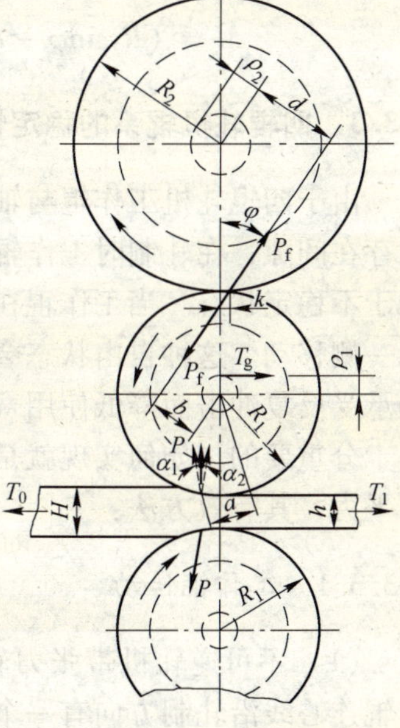

图 3-9 支撑辊传动时辊系受力分析

从防止打滑的角度看，φ 角愈小愈有利，使式 3-22 中的 $\tan\varphi < \mu$。

由图 3-8 看出，作用在工作辊上力的平衡方程：

$$P_f b = Pa + T_g \rho_1 \tag{3-23}$$

$$P_f \cos\varphi = P\cos\alpha \tag{3-24}$$

$$P_f \sin\varphi \pm P\sin\alpha = T_g（设\ \alpha_1 = \alpha_2 = \alpha） \tag{3-25}$$

式中 a、b——分别为 P、P_f 相对于工作辊中心的力臂；

α——P 与垂直线间的夹角。

其他符号在式 3-20 后已叙述，此处不重复。

由式 3-25 中 $T_0 < T_1$ 时对应正号，$T_0 > T_1$ 时对应负号。

由式 3-23、式 3-24、式 3-25 三式可求得力臂 b 的大小为：

$$b = R_1 \sin\varphi - k\cos\varphi$$

P_f 相对于支撑辊中心的力臂 d 为：

$$d = R_2 \sin\varphi + k\cos\varphi$$

即求得传动两支撑辊所需的力矩为：

$$M = (R_2 \sin\varphi + k\cos\varphi + \rho_2) \times 2P\cos\alpha / \cos\varphi \tag{3-26}$$

3.3.3 四辊轧机辊系的稳定性

由于四辊轧机工作辊与轴承座间及工作辊轴承座与支撑辊轴承座间存在间隙，在轧制时工作辊与轴承座间若无固定的侧向力约束，将处于不稳定状态。当工作辊在冲击力作用下，时而向一侧，时而又向另一侧移动。这种自由状态会降低轧制精度，加剧轧辊的磨损，并使轴承受反复冲击而降低使用寿命。因此轧制时保证工作辊的稳定位置是十分重要的。如何实现就是让工作辊轴承始终承受一个方向不变的水平力，其有效方法：

3.3.3.1 工作辊传动

（1）不可逆轧机带张力轧制时，将两工作辊连心线相对于两支撑辊连心线沿轧制方向有一个偏移量 e，其值大小与辊系尺寸、轧制力大小及受力状态等因素有关，e 值也不宜取得过大，否则会加大工作辊的水平弯曲力，一般取 5 ~ 10mm（如 ϕ400/1000mm × 1000mm

的四辊不可逆轧机偏移量为5mm)，如图3-10所示。工作辊受力的平衡方程式为：

$$T_g = P\sin\alpha + P_f\sin(\varphi + \gamma) \tag{3-27}$$

$$P_f\cos(\varphi + \gamma) = P\cos\alpha \tag{3-28}$$

式中 T_g——工作辊轴承处的水平反力；

P_f——工作辊与支承辊间的相互作用力；

P——轧制力与张力之合力；

γ——工作辊、支撑辊中心连线与垂直线间的夹角；

α——P 与垂直线间的夹角；

φ——P_f 与工作辊、支撑辊中心连线间的夹角。

式中的 γ、α、φ 可分别用以下式3-29、式3-30、式3-31求得：

$$\sin\gamma = e/(R_1 + R_2) \approx \gamma \tag{3-29}$$

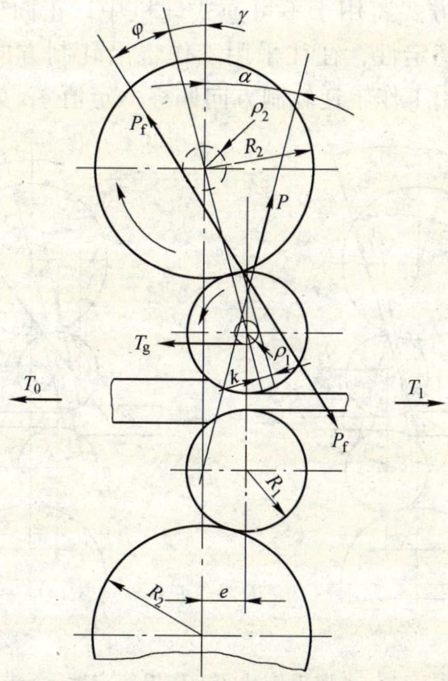

图3-10 沿轧制方向偏移的示意图

$$\sin\alpha = (T_1 - T_0)/2P \approx \alpha \tag{3-30}$$

$$\sin\varphi = (k + \rho_2)/R_2 \approx \varphi \tag{3-31}$$

将式 3-27、式 3-28 联立解可得：

$$T_g = P[\sin\alpha + \cos\alpha\tan(\varphi + \gamma)] \approx (\alpha + \varphi + \gamma)P \tag{3-32}$$

要使工作辊处于稳定状态，必须保证 $T_g > 0$，即 $\alpha + \varphi + \gamma > 0$。

（2）可逆式轧机带张力轧制时，若正向轧制时，$\gamma > 0$。要使工作辊处于稳定状态，就需前张力 $T_1 >$ 后张力 T_0（即 $\alpha > 0$），能满足即 $\alpha + \varphi + \gamma > 0$；

若改变轧制方向（反向轧制），则 $\gamma < 0$。为保证工作辊处于稳定状态，应满足 $\alpha + \varphi + \gamma < 0$，所以对可逆轧机而言，只要保证 $T_1 > T_0$，即使 $e = 0$ 也能满足稳定轧制条件。

3.3.3.2　支撑辊传动的四辊轧机工作辊的稳定性

（1）该传动方式若用于不可逆式轧机中，正向轧制时，为保证运行时工作辊的稳定性，往往采用工作辊沿轧制方向偏移一定值 e；若反向轧制，采用工作辊逆轧制方向偏移一定值 e，如图 3-11 所示。

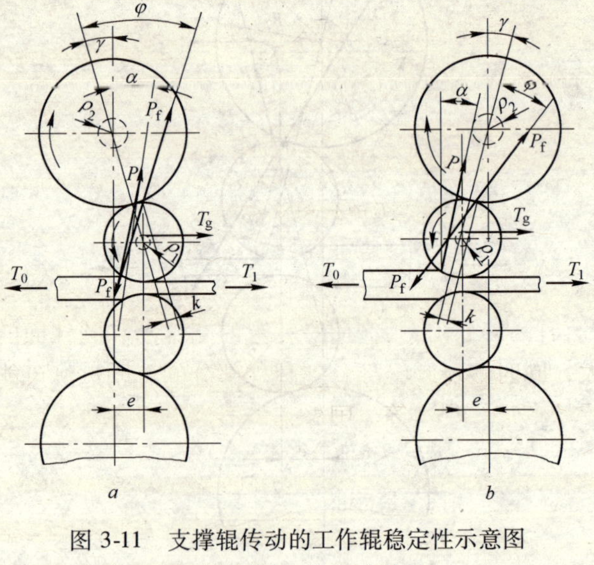

图 3-11　支撑辊传动的工作辊稳定性示意图

a—正向轧制；b—反向轧制

正向轧制时要满足于:

$$\varphi - \gamma - \alpha > 0 \tag{3-33}$$

反向轧制时要满足于:

$$\varphi + \gamma - \alpha > 0 \tag{3-34}$$

若带张力轧制 $T_0 > T_1$ 时，需反向轧制，满足 $\varphi + \gamma - \alpha > 0$，才能使工作辊处于稳定状态。当 $T_0 < T_1$ 时，为满足工作辊的稳定条件，除 γ 为正值外，还需保证 $\varphi + \gamma > \alpha$，即取较小的张力差。

（2）该传动方式若用于可逆式轧机带张力轧制时，为满足工作辊的稳定条件，应取后张力大于前张力（即 $\alpha < 0$），此外还需满足 $|\alpha| + \varphi > |\gamma|$。

3.4 二十辊轧机的受力分析

二十辊轧机常用来生产高强度材料及薄带材。其原因是四辊轧机冷轧高强度的薄带时，经济上是不合理的，在许多情况下技术上也是无法实现的。由于轧件的最终厚度受到工作辊直径的限制，工作辊的弹性压扁值与带材厚度相当，这就阻碍了带材的进一步压下。而二十辊轧机工作辊直径小，并由塔形支撑辊组的配置来受力，该支撑辊组安装在工作机架中，其辊系受力情况如图 3-12 所示。这类轧机由第二中间辊两侧的辊子（上排④、⑥两个辊，下排与上排相对称的两个辊）作为传动辊，在传动辊之间安装了非传动的中间辊；第一中间辊（上排的②、③及上排相对称的两个辊）可轴向移动，以调节带材两边的压力，消除带材边部波浪，改善带材的板形。该上下辊分别在其相对的一端磨有锥度（称单锥面），并要求辊身的圆锥部分平缓地过渡到圆柱部分，否则使用时轧辊的圆锥面和圆柱面的连接部分磨损会增大，同时辊身圆锥部分到圆柱部分的急剧过渡可能造成带材表面缺陷，如直道、裂边等。国外某公司为平滑调节辊形，辊身设计磨成瓶状的 S 形，该辊形在钢带轧机上已得到广泛应用。

这类轧机的受力情况与前面所述轧机的受力情况差异很大，同时受力状态与二十辊轧机的结构形式直接有关，其结构形式大致分为三类：森吉米尔式（牌坊使用整体式）、四立柱式（又名罗恩式）以及牌坊式。这三种结构方式的特点在后面“设备”章节再详尽介绍，在此仅针对受力情况进行简述。如四立柱式是四个压下油缸分布在辊系的四角，而森吉米尔式及牌坊式为两个压下油缸分布在辊系的中部，因此辊系受力情况完全不同，现以森吉米尔式结构为例分析。请看图3-12所示。

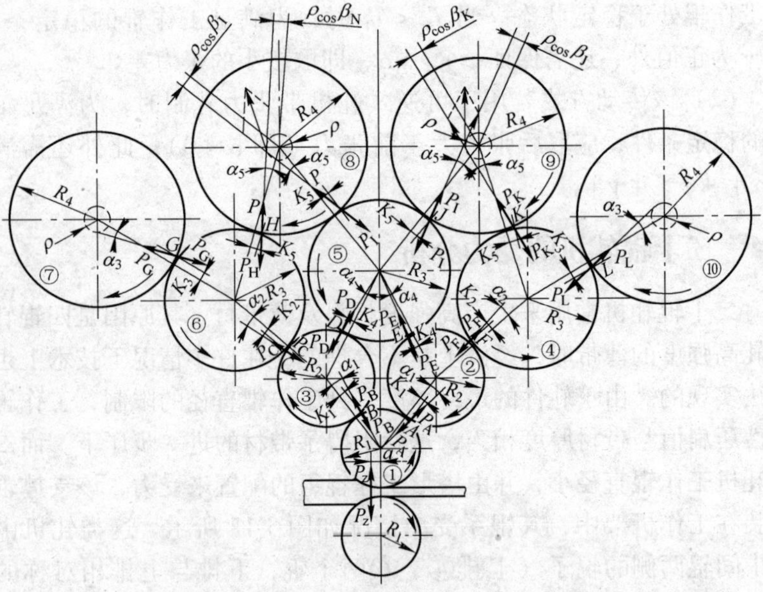

图3-12　二十辊轧机受力状况示意图

图3-12中符号的含意如下：

P_A、P_B、…、P_L——辊间的相互作用力；

α_1、α_2、…、α_6——相应处两辊间的作用力与辊间连心线的夹角；

R_1——工作辊的半径；

R_3——传动辊的半径；

R_4——最后一排支撑辊的半径；

R_2——第一中间辊的半径。

在多辊轧机的塔形支撑辊组配置中，前一个轧辊自由地压靠在后面两个轧辊上；支撑辊属于一刚性多支点梁，它将轧制力传递给具有斜面边缘的整体机座的牌坊上，这就使工作辊的弯曲大为减小。轧制力以力流的形式沿辊系各接触点分布。此力流的方向是沿着相接触的轧辊和支撑辊的相邻圆心的连心线方向，并通过支点传递给工作机座的牌坊。从辊间压力图分析，由工作辊到支撑辊各接触点上辊间压力和弹性变形分布的不均匀性随距离增大而减少。愈是靠近中间的支撑辊，不均匀性愈小，受力也小，约占总力的33%。而两侧的支撑辊，受力约占总力的67%，因此两侧的支撑辊轴承磨损快。当然这与被轧轧件宽度 B 与工作辊辊面长度 L 的比例有关，若 $B:L>0.7$ 时（轧件在两个最边上的背衬轴承之间），支撑辊心轴的弯曲实际上是均匀的；而轧制窄带材 $B:L<0.7$ 时，两边支撑辊上中间的背衬轴承产生较严重的磨损，这是由于图3-13中接触点（4，1）上负荷不均匀而造成。通常在选择两边支撑辊上的整套轴承时，要保证使支撑辊母线的凸度能够补偿工作辊的弯曲。

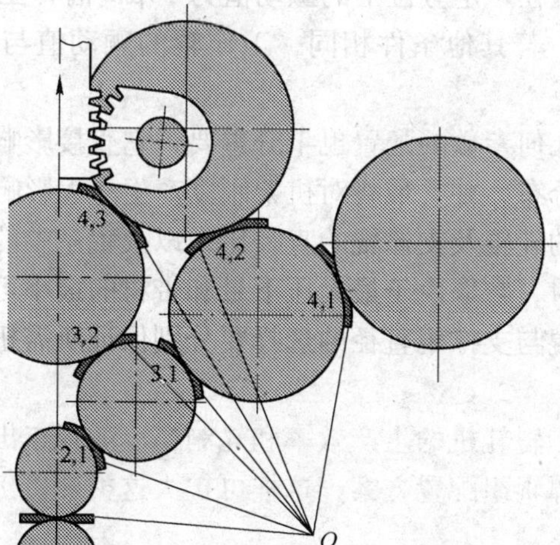

图3-13 二十辊轧机辊系接触点示意图

另外，在二十辊轧机上要保证被轧带材的轧制精度，起关键作用的是辊系本身，如辊系的刚度、制造精度、轧辊在轧制时的热膨胀、轧辊的几何参数等。从辊系看，四辊轧机的辊系弹性变形部分为机架总变形的45%～60%；而二十辊轧机的辊系弹性变形部分为机架（包括辊系）总变形量的92%～97%。该变形主要取决于接触辊对的总弹性压扁（约占78%），因此其辊系的影响特别突出，降低辊系的总弹性变形量是增大多辊轧机刚度的主要潜力所在。

根据二十辊轧机辊系配置的特点，要求在轧制前轧辊具有很高的制造精度和调整精度，否则辊系会出现颤动，这种颤动会对被轧带材的纵向厚度公差产生一定影响。据某钢厂测定，因颤动而产生的厚差占10%～15%，所以是不可忽略的问题。颤动之所以产生，是因为支撑辊的椭圆度及支撑辊的几何圆心与转动圆心不重合（以上是假设工作辊和中间辊呈圆柱形的条件下）时而引起颤动，它的颤动必导致工作辊颤动，也就引起辊缝变化，使被轧带材厚度出现波动，轧件表面也会出现振纹，其值取决于支撑辊的制造精度及在机座中的调整精度。国外某公司曾在一台轧制钢带的轧机上进行测试，测试结果表明，当支撑辊在一定方位下的颤动值为10μm时，工作辊的最小颤动值为0.6μm。若其他条件相同，工作辊的颤动值与支撑辊的颤动值是成比例的。

同时轧辊几何参数的配置也十分重要，它直接影响轧辊各接触点上力和变形的分布，并且最终对机架刚度产生重大影响。其几何参数主要指相接触的轧辊及支撑辊的直径比，以及辊系中的诸角度。在选择工作辊直径时，它取决于最大压下量和带材的最小可轧厚度。第二中间辊的传动辊与支撑辊直径的选择要分别保证所需扭矩和最大轧制压力的传递。

从提高二十辊轧机的生产效率和轧制精度的观点出发，也可采用不同的塔形支撑辊组配置方案，这样可扩大这类轧机工艺选择的可能性。

4　铜及铜合金精密带材轧制工艺参数计算

4.1　轧制工艺参数的计算

长期以来轧制理论工作者、轧制工艺工程师及轧机设计师均将较大精力放在这些工艺参数的计算上，尤其是轧制压力的计算更为复杂，早期大都采用前苏联采列可夫教授等人的计算公式或经验公式。为了简化计算，孔照文、杨海云工程师曾经将压力加工的计算公式制作成算图集（1985 年冶金工业出版社出版），该图算法具有快速、简便、灵活的特点。由于轧制过程本身就是金属在一组具有弹性变形的轧辊间进行着复杂的弹塑性变形，其变形又受着内部（如轧材本身的组织、性能等）、外部各条件变化的影响，使其过程的受力状况、物理状态变得更为复杂，所以要将轧制过程的工艺参数进行准确计算是非常困难的，因此轧制压力的计算都是在一定的假设条件下进行的。为此，先简述传统的计算方法。

4.1.1　常用工艺参数的计算

常用工艺参数是指除轧制压力、力矩、功率以外的主要变形参数。

4.1.1.1　轧制时变形指数的关系

变形指数是指轧件通过旋转着的轧辊之间产生塑性变形，变形前、后的厚度、宽度、长度出现相应的尺寸变化，这种变化的大小称为变形程度，其变化比值称为变形指数。无论热加工或冷加工，因变形金属的密度及体积变化很小而忽略不计。以变形前、后金属体积不变为前提，确定相互的关系，即：

$$HB_HL_H = hB_hL_h \qquad (4\text{-}1)$$

式中 γ——压缩系数，$\gamma = h/H$；

β——宽展系数，$\beta = B_h/B_H$；

λ——延伸系数，$\lambda = L_h/L_H$。

变形指数的关系为：

$$\gamma\beta\lambda = 1$$

式中 H、B_H、L_H——变形前的厚度、宽度、长度，mm；

h、B_h、L_h——变形后的厚度、宽度、长度，mm。

4.1.1.2 轧制时的基本工艺参数计算

(1) 压下量（称绝对压下量）及加工率（称相对压下量）的计算：

压下量： $$\Delta h = H - h \tag{4-2}$$

加工率： $$\varepsilon = (\Delta h/H) \times 100\% \tag{4-3}$$

式中 H——轧前厚度，mm；

h——轧后厚度，mm。

(2) 咬入角、摩擦角及接触弧长的计算：

$$\Delta h = (l - \cos\alpha)D \tag{4-4}$$

式中 α——咬入角，(°)；

D——轧辊直径，mm。

在式 4-4 中，当 α 角很小的轧制条件下：

$$1 - \cos\alpha = 2\sin^2(\alpha/2) \approx \alpha^2/2(\text{弧度}) = \Delta h/D$$

摩擦系数 $$\mu = \tan\beta \tag{4-5}$$

式中 μ——摩擦系数；

β——摩擦角，(°)。

接触弧长 $$l = (R\Delta h)^{1/2} \tag{4-6}$$

式中 Δh——压下量，mm；

R——轧辊半径，mm。

(3) 轧件咬入条件的计算：

在第三章已有详细叙述，在此不重复。

(4) 变形速度与前滑的计算：

单位时间内的变形程度叫做变形速度。板带材轧制时的平均变形速度按下式计算：

$$\omega = (v/H) \times (\Delta h/R)^{1/2} \tag{4-7}$$

式中 ω——平均变形速度，s^{-1}；

V——轧辊的线速度，$v = \pi Dn/60$，m/s；

D、R——轧辊的直径和半径，m；

n——轧辊的转速，r/min。

前滑值的计算如下：

$$S = [(V_h - V)/V] \times 100\% \tag{4-8}$$

式中 S——前滑,%；

V_h——轧件出辊速度，m/s；

V——轧辊线速度，m/s。

(5) 宽展的计算：

宽展指宽度方向的变形量，热轧时必须考虑（尤其是坯料的宽厚比小于6时），冷轧时可忽略不计。由于热轧时，轧件宽展量的大小受较多因素的影响，如合金特性、变形程度、变形温度、摩擦系数、轧辊直径、轧件宽度及变形速度等均有关，同时宽展的计算公式也较多，一般现场常用下面的公式计算，若系数选得合理，其值接近实际，否则误差会较大。

$$\Delta b = C(\Delta h/H) \times (\Delta h/R)^{1/2} \tag{4-9}$$

式中 Δh——压下量，mm；

H——轧件入口厚度，mm；

C——试验系数，一般取0.35~0.4；

R——工作辊的半径，mm。

随着技术的发展，热轧的宽展已可通过机械、液压及电子技术进行严格控制，对宽度为650mm左右的带坯，宽度公差可控制在±3mm以内。同时设有精密的宽度检测设备及宽度的闭环控制系统。

4.1.2 轧制压力的计算

轧制压力是生产中合理制定工艺和校核设备负荷的基本参数。为确保轧机安全、可靠地工作，又能充分发挥设备的潜力，轧制压力的准确计算显得格外重要。现用的计算公式适用范围及可靠程度尚存一定的局限性，需在使用时修正。

轧制力的影响因素很多，除轧件本身的性能、化学成分及组织结构外，还应考虑具体的变形条件，如变形温度、变形程度、变形速度、摩擦与润滑、张力、轧件及轧辊的尺寸等。另外，轧制时单位压力在接触面上实际是不均匀的，但在计算轧制力时，为简便起见，均采用平均单位压力作为接触面上均匀分布的单位压力值。在理论公式的计算中，都是基于小塑性变形量的假设为出发点的，而且大多由单位压力微分方程（卡尔曼方程）派生，只是用不同的摩擦条件、不同的接触弧处理代入微分方程，得出不同的结果。

轧制总压力的计算为平均单位压力（P_{CP}）与接触表面的水平投影面积（F）之积，如下式所示：

$$P = P_{CP} \times F \tag{4-10}$$

其中

$$F = \{(B_H + B_h)/2\} \times (\Delta h/R)^{1/2} \tag{4-11}$$

式中　F——面积，mm^2；

B_H、B_h——分别为轧前、轧后的宽度，mm；

R——轧辊半径，mm；

P_{CP}——平均单位压力，MPa；

Δh——压下量，mm。

计算中，关键是P_{CP}的确定，因其他都是可测的数据。平均单位压力的计算，有按塑性条件中考虑切应力的理论公式，即把轧制过程看成是平行平板间矩形件的压缩过程，矩形件厚度为轧件平均厚度（$h_{CP} = H + h/2$），以弦代弧。该公式计算过于复杂，不便于现场计算，在此不作介绍。有按简化公式推算的，即将轧辊的圆弧看成是平行平面锤头，轧制过程看成是平面镦粗，假设整个接触表面都是常摩擦系数区，采用近似塑性条件，其简化公式如下：

$$P_{CP} = (e^m - 1)/m \times K \tag{4-12}$$

式中　e——自然对数的底（e = 2.718）；

m——变形特征系数；

$$m = \mu l / h_{CP} = \phi\mu \tag{4-13}$$

式中 ϕ——变形区的形状系数；

$$\phi = l / h_{CP} \tag{4-14}$$

式中 h_{CP}——轧件平均厚度，mm；

μ——摩擦系数；

l——接触弧长度，mm。

其中 m 值见表 4-1 所示。该公式的主要优点是计算简单，适用于冷轧条件，而且可以采用图算法直接求解考虑轧辊弹性压扁时的接触弧长度。

表 4-1 $(e^m-1)/m$ 函数值

m	0	0.01	0.02	0.03	0.04	0.05	0.06	0.07	0.08	0.09
0.0	1.000	1.005	1.010	1.015	1.020	1.025	1.031	1.036	1.041	1.046
0.1	1.052	1.057	1.063	1.068	1.073	1.079	1.084	1.090	1.096	1.101
0.2	1.107	1.113	1.119	1.124	1.130	1.136	1.142	1.148	1.154	1.160
0.3	1.166	1.172	1.179	1.185	1.191	1.197	1.204	1.210	1.217	1.223
0.4	1.230	1.236	1.243	1.249	1.256	1.263	1.270	1.277	1.283	1.290
0.5	1.297	1.304	1.312	1.319	1.326	1.333	1.340	1.348	1.355	1.363
0.6	1.370	1.378	1.385	1.393	1.401	1.409	1.416	1.424	1.432	1.440
0.7	1.448	1.456	1.464	1.473	1.481	1.489	1.498	1.506	1.515	1.523
0.8	1.532	1.541	1.549	1.558	1.567	1.576	1.585	1.594	1.603	1.613
0.9	1.622	1.631	1.641	1.650	1.660	1.669	1.679	1.689	1.698	1.708
1.0	1.718	1.728	1.738	1.749	1.759	1.769	1.780	1.790	1.801	1.811
1.1	1.822	1.833	1.844	1.855	1.866	1.877	1.888	1.899	1.910	1.922
1.2	1.933	1.945	1.957	1.968	1.980	1.992	2.004	2.016	2.029	2.041
1.3	2.053	2.066	2.078	2.091	2.104	2.117	2.130	2.143	2.156	2.169
1.4	2.182	2.196	2.209	2.223	2.237	2.250	2.264	2.278	2.293	2.307
1.5	2.321	2.336	2.350	2.365	2.380	2.394	2.410	2.425	2.440	2.455
1.6	2.471	2.486	2.502	2.518	2.534	2.550	2.566	2.582	2.599	2.615
1.7	2.632	2.649	2.665	2.682	2.700	2.717	2.734	2.752	2.770	2.787
1.8	2.805	2.823	2.842	2.860	2.870	2.897	2.916	2.935	2.954	2.973
1.9	2.993	3.012	3.032	3.052	3.072	3.092	3.112	3.132	3.153	3.174

续表 4-1

m	0	0.01	0.02	0.03	0.04	0.05	0.06	0.07	0.08	0.09
2.0	3.195	3.216	3.237	3.258	3.280	3.301	3.323	3.345	3.368	3.390
2.1	3.412	3.435	3.458	3.481	3.504	3.528	3.551	3.575	3.599	3.623
2.2	3.648	3.672	3.697	3.722	3.747	3.772	3.798	3.824	3.849	3.876
2.3	3.902	3.928	3.955	3.982	4.009	4.047	4.064	4.092	4.120	4.148
2.4	4.176	4.205	4.234	4.263	4.292	4.322	4.352	4.382	4.412	4.442
2.5	4.473	4.504	4.535	4.567	4.598	4.630	4.662	4.695	4.728	4.761
2.6	4.794	4.827	4.861	4.895	4.929	4.964	4.999	5.034	5.069	5.105
2.7	5.141	5.177	5.213	5.250	5.287	5.325	5.362	5.400	5.438	5.477
2.8	5.516	5.555	5.595	5.634	5.675	5.715	5.756	5.797	5.838	5.880
2.9	5.922	6.965	6.007	6.050	6.094	6.138	6.182	6.226	6.271	6.316

金属材料在轧制变形过程，由于坯料状态不同，所选压力计算公式差异很大，现按热、冷状态分为两大类来讨论。

4.1.2.1 热轧时的轧制压力计算

要结合热轧的工作状态及其特点：

（1）热轧轧制时，轧件沿接触面上几乎全部粘着（当无乳液润滑的情况下），无滑动，变形仅在轧件里层之间产生滑动，摩擦条件符合常摩擦定律，即摩擦系数选 0.45 ~ 0.5。

（2）由于热轧时的变形温度、变形程度、变形速度是主要因素，轧辊弹性压扁可以忽略不计。所以热轧条件下考虑切应力对塑性条件的影响是必要的。

（3）热轧压力计算中，流动应力 K 的取值影响很大，其值与材料本身的高温性能、轧制时的变形温度、变形速度及变形程度有关，若以拉力试验测定的屈服极限 σ_S 作为压力计算流动应力时的依据，将会出现很大的误差，因拉力试验测定的变形速度为(2 ~ 3) $\times 10^{-3}$ s^{-1}，而热轧时的变形速度为(1 ~ 100) s^{-1} 范围内。其中以轧件温度及温降的影响尤其突出，见第6章中图6-3所示。一般前几道次因变形热与散热的平衡温降很小，当轧后厚度小于50mm时，随轧件散热面积的增大，道次加工率减小，变形热也减小，使温降明显增加，材料的流动应力K值也会随之增大。所以要确定热轧时的屈服极限难度较大，一般采用公式4-15获得：

$$\sigma_s = \sigma'_s K_t K_\varepsilon K_\omega \tag{4-15}$$

式中　σ'_s——根据试验测出的平均屈服极限；

K_t——温度影响系数；

K_ε——加工率影响系数；

K_ω——速度影响系数。

公式4-15中计算屈服极限时的σ'_s值及K_t、K_ε、K_ω的测定条件见表4-2所示。

表4-2　σ'_s值及K_t、K_ε、K_ω的测定条件

品　种	K_t、K_ε、K_ω的测定条件			σ'_s	σ'_s的测定条件		
	t/℃	ε/%	ω/s^{-1}	/MPa	t/℃	ε/%	ω/s^{-1}
C11000	450~950			95			
C12200	450~950			100			
C28000	450~850			80	600		
C26000	450~850	10~80	0.2~40	110		40	5.0
C22000	450~900			103			
C75400	600~950			110	800		
C71300	600~1050			146			

注：t为变形温度，℃；ε为加工率，%；ω为变形速度，s^{-1}。

表中数值供参考，因这些系数会受装备条件、材料成分等因素影响，一般在生产实践中进行修正。

因此在热轧压力计算中，可参考图4-1、图4-2、图4-3来获得相应的系数。上述曲线受试验条件的限制，所以仅供参考。

（4）热轧时变形区的形状系数（$\phi = l/h_{CP}$）直接影响压力计算

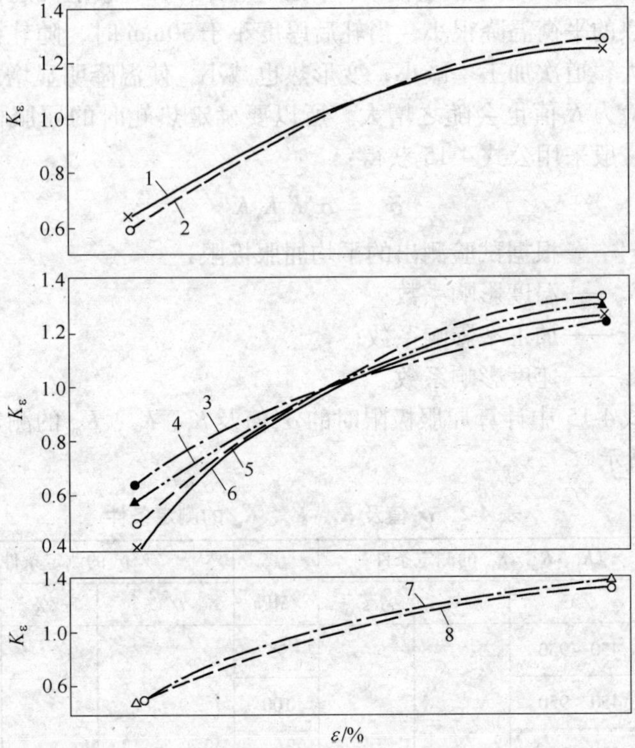

图 4-1　铜及铜合金热轧时的 K_ε 与加工率 ε 的关系

1—C12200；2—C11000；3—C71300；4—C71000；5—C26000；
6—C22000；7—C75400；8—C28000

结果。因轧制时金属沿高向流动的不均匀程度与变形区的形状系数 ϕ 有关。热轧开始道次一般 $\phi<1$，变形区大部分为黏着区，外摩擦系数较大，接触弧上摩擦力不变或变化很小，轧件断面上变形很不均匀，所以计算时要考虑乘以外区影响系数 C，C 值按式 4-16 计算：

$$C=(l/h_{CP})^{-0.4} \tag{4-16}$$

式中　h_{CP}——平均轧件厚度，mm。

而中间及后面道次的 $\phi=1\sim5$，接触面金属质点的流动同时存在

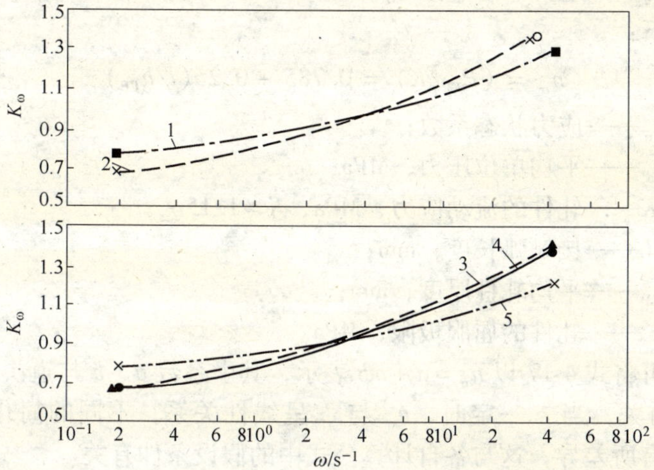

图 4-2 铜及铜合金热轧时的 K_{ω} 与变形速度的关系

1—C11000；2—C754300；3—C26000、C26200；

4—C22000、C28000；5—C12200

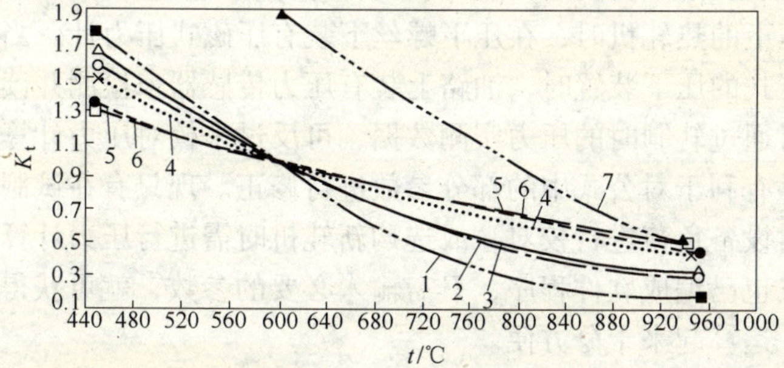

图 4-3 铜及铜合金热轧时的 K_t 与变形温度 t 的关系

1—C28000；2—C26200；3—C26000；4—C28000；

5—C11000；6—C12200；7—C75400

滑移和部分黏着，外摩擦系数不大，变形比较均匀并深透轧件断面高度。因此前者选用福特-亚历山大公式，后者选用西姆斯公式，更为接近其变形条件。为简化现场计算，往往运用简化的奥罗万-帕斯可公式 4-17 进行计算。无论选用哪个计算公式，在进行平均单位压力计算时都引入应力状态系数 n_σ，对奥罗万-帕斯可公式中的 n_σ 其表示形式如下：

$$n_\sigma = (P_{CP}/K) = 0.785 + 0.25(l/h_{CP}) \tag{4-17}$$

式中 n_σ——应力状态系数；

P_{CP}——平均单位压力，MPa；

K——轧件的流动应力，MPa，$K = 1.15\sigma_s$；

L——接触弧长度，mm；

h_{CP}——平均轧件厚度，mm；

σ_s——轧件的屈服极限，MPa。

也可将式 4-17 以 $n_\sigma = a + b\phi$ 表示，其中系数 a、b 与道次加工率 ε 直接有关，当 ε 一定时，n_σ 与 ϕ 呈线性关系，不同的简化公式，其系数有所差异，这与各自计算公式中的假设条件有关。

而采利可夫公式是根据卡尔曼方程导出的，其前提假设轧制时的变形是均匀的，经许多热轧试验结果表明，计算值偏高，同时繁琐，现场不宜使用。

随着装机水平的提高，热轧机上普遍都装有压力检测装置，当采用电动压下的热轧机时，在压下螺丝下装有压磁式压力计。当选用电动加液压式的压下装置时，油路上装有压力传感器来检测并读出压力值。同时通过轧制时的压力实测数据，可反过来校对压力计算公式的准确性，有利于对公式中的部分参数进行修正。现只有在试制新产品时，需对设备负荷进行校对，或选购新轧机时需进行压力计算。目前计算公式也已编成软件程序，只需输入必要的参数，就可获得压力的计算值，运算起来十分方便。

4.1.2.2 冷轧时的轧制压力计算

冷轧时的轧制压力计算与热轧时的轧制压力计算有较大区别，该工序的工作特点：

（1）轧制时轧辊会产生弹性压扁，使实际接触弧长度增加，确定弹性压扁后接触弧长的长度是冷轧压力计算中最繁琐的部分，因它与轧辊的材质、力学性能、尺寸有关，同时与轧件轧制时的道次压下量、平均压力直接相关，因此计算公式复杂，现以钢辊为例简单的计算如下：

$$L' = \{R\Delta h + [R \times P_{CP}/950]^2 + (R \times P_{CP}/950)\} \quad (4\text{-}18)$$

式中 L'——轧辊压扁后的弧长，mm；

R——轧辊半径，mm；

Δh——压下量，mm；

P_{CP}——平均单位压力，MPa。

通过上式将参数代入，即可计算出压扁接触弧长度。

（2）带式法生产时，轧制过程均在张力条件下工作，所以张力对轧制压力的影响在压力计算中必须考虑。

（3）冷轧时计算 K 值要考虑加工硬化、张力的影响，一般采用如下公式：

$$K = 1.15\sigma_{SCP} - \sigma_{CP} \quad (4\text{-}19)$$

式中 σ_{SCP}——轧前、轧后屈服极限的平均值，MPa；

σ_{CP}——前、后单位张力的平均值，MPa。

其中轧件的屈服极限可通过对材料的不同加工率取样，在拉力试验机上测试出对应的屈服极限，将获得的实测数据绘制成加工硬化曲线，并计算出轧前、轧后屈服极限的平均值，该值一般取轧前屈服极限的1/3加轧后屈服极限的2/3，因轧件退火后的前几个道次出现明显的加工硬化，而最后1～3个道次加工硬化较小；也可选轧前、轧后屈服极限的平均值，当然不同的材料有不同的加工硬化曲线，在计算时具体情况具体分析，尽可能结合实际，使计算更精确。至于平均单位张力的取值，与前、后张力选择有关，当前、后单位张力相差不大时可取二者的平均值，若相差较大时，按其差值的比例进行分配。

确定冷轧时的轧制压力，现场技术人员习惯于用斯通公式进行计算，因它采用近似塑性条件，得出一个简化的计算公式，使计算简单，适于冷轧。经比较，在所有工艺参数相同时，分别选用布兰德-福特公式与斯通公式进行计算，其结果斯通公式的计算值较布兰德-福特公式的计算值约高3%。当然还可采用图算法直接求解考虑轧辊弹性压扁时的接触弧长度，经实践证明计算结果与实测值接近，并在允许的误差范围内。

选用的公式为式 4-10 ~ 式 4-14。

4.1.3　传动力矩的计算

传动力矩是指主轧电动机轴上用于传动轧辊的总力矩，它由轧制力矩 $M_{\Pi P}$（即克服金属变形抗力及在轧辊与轧件间摩擦力所需要的力矩）、摩擦力矩 M_{μ}（轧制时传动机构传到电动机轴上的附加摩擦力矩）、空载力矩 M_0（无负荷时转动轧辊所需的空转力矩，一般取电机额定力矩的 3% ~6%，新轧机取下限，旧式结构的轧机取上限）、动力矩 M_d（速度变化时的动力矩）组成。在电动机轴上用于传动轧辊的总力矩 M_{Σ} 按公式 4-20 计算：

$$M_{\Sigma} = (M_{\Pi P}/i) + M_{\mu} + M_0 + M_d \tag{4-20}$$

（1）轧制力矩

$$M_{\Pi P} = 2Pa \tag{4-21}$$

式中　P——轧制时的总压力，kN；

a——轧制力 P 作用点的力臂，m，$a = \psi L$，m；

L——接触弧长，m；

ψ——力臂系数，ψ 的取值与变形区的形状系数 ϕ 直接有关，当 ϕ 小于 2 时 ψ 为 0.5 ~ 0.6；而当 ϕ 大于 2 时 ψ 为 0.35 ~0.5；热轧一般取上限，冷轧取下限；当带张力轧制时，应考虑张力对 ψ 值的影响，前张力使 ψ 值增大，后张力使 ψ 值减小。

（2）摩擦力矩

$$M_{\mu} = (M_{\mu 1}/i) + M_{\mu 2} \tag{4-22}$$

式中　$M_{\mu 1}$——轧辊轴承的摩擦力矩；

i——轧辊至电动机间的传动比；

$M_{\mu 2}$——附加摩擦力矩（传动机构推算到电机轴上，因摩擦力而损耗的力矩）。

对工作辊传动的四辊轧机：

$$M_{\mu 1} = Pd_0\mu_1 \times (d/D_0) \tag{4-23}$$

式中 P——轧制压力，kN；

d_0——支撑辊辊颈直径，mm；

d——工作辊直径，mm；

D_0——支撑辊直径，mm；

μ_1——辊颈与轧辊轴承间的摩擦系数。

（3）空载力矩（无负荷时的）

$$M_0 = \Sigma(G_n \mu_n d_n)/2i_n \tag{4-24}$$

式中 G_n——轧机主传动中传动部件的重量，t；

μ_n——传动部件轴承的摩擦系数；

d_n——传动部件的辊颈直径，mm；

i_n——电机至传动部件间的传动比。

（4）动力矩（可逆轧机）

$$M_d = GD_n^2 \times \rho/375 \tag{4-25}$$

式中 GD_n^2——轧机转动部件推算到电机轴上的回转力矩；

ρ——角加速度，r/min · s。

另外，也可根据现场对某些合金热轧及冷轧时测定的单位能耗曲线进行该项目的推算。现以某厂在冷连轧机上测试结果为例说明，如图 4-4 所示。应指出，只有对大量实测数据进行整理分析得出的单位能耗曲线，才能在生产中直接使用。利用能耗曲线确定轧制力矩可以不必确定力臂系数，计算也简单，如下列公式 4-26 计算的力矩，包括轧制力矩及摩擦力矩，但不包括空载力矩。

$$M_\Sigma = (M_{\Pi P}/i) + M_\mu = (0.716\Delta NG \times 3600)/n\tau \tag{4-26}$$

可将 4-26 公式化简为：

$$M_\Sigma = 135\Delta NGD/L$$

式中 M_Σ——总力矩，kN · m；

$M_{\Pi P}$——轧制力矩，kN · m；

i——主电机至轧辊的速比；

M_μ——摩擦力矩，kN · m；

ΔN——按能耗曲线确定的该道次能耗，kW · h/t；

G——轧件重量，t；

D——轧辊直径，mm；

τ——该道次的轧制时间，s；

n——电动机的转数，r/min；

L——轧件长度，m。

4.1.4　电动机功率的计算及选择

当总的传动力矩确定后，就可进行电动机功率的计算，其计算方式同力矩计算一样，由公式4-22或单位能耗曲线来确定。

（1）由公式4-22确定：

$$N_{\Sigma} = (1.03M_{\Sigma} \times n)/\eta \tag{4-27}$$

式中　N_{Σ}——电动机的总功率，kW；

M_{Σ}——电动机轴上用于传动轧辊的总力矩；

η——由电动机至轧辊的机械传动效率；

n——电动机的转数，r/min。

（2）由单位能耗曲线来确定：

1）测量轧机主电动机空转及工作时的电流、电压、轧件入口，出口处的速度及带材轧制时的前后张力，即可获得各道次的功率。

2）按下式计算电机功率 N'：

$$N' = IV \tag{4-28}$$

式中　N'——电机功率，W；

I、V——分别为轧制时主电动机的电流（A）、电压（V）。

3）空转时的功率 N_0 可以根据实际资料或经验选取，也可实测并按式计算：

$$N_0 = I_0V_0 \tag{4-29}$$

式中　N_0——空转功率，W；

I_0、V_0——分别为空转时主电动机的电流（A）、电压（V）。

4）按下式求出前后张力的功率 N_h、N_H：

$$N_h = (T_h \times V_h)/1020 \tag{4-30}$$

式中　N_h——出口侧卷取机的电机功率，kW；

T_h——带材的前张力，N；

V_h——卷取速度，m/s；

$$N_H = (T_H \times V_H)/1020 \tag{4-31}$$

式中 T_H——带材的后张力，N；

V_H——带材的入口速度，m/s。

各道次的总功率

$$N = N' - N_0 + N_h - N_H \tag{4-32}$$

因各道次的功率是不等的，在求出各道次的功率后，通常选取各道次的均方根值作为轧机电动机功率的选择。

$$N_j = (\Sigma N^2 t/\Sigma t + t')^{1/2} \tag{4-33}$$

式中 N_j——功率的均方根值；

t、t'——分别为轧制时间、间隙时间。

在使用已有的能耗曲线时，轧机的结构型式、轧件的材料、尺寸及相关的工艺参数应与实测曲线的测定条件相同或十分接近时，计算结果才是比较可靠的。

三机架连轧机上测试的单位能耗曲线如图4-4所示，三机架冷连轧单位能耗曲线测定条件见表4-3。

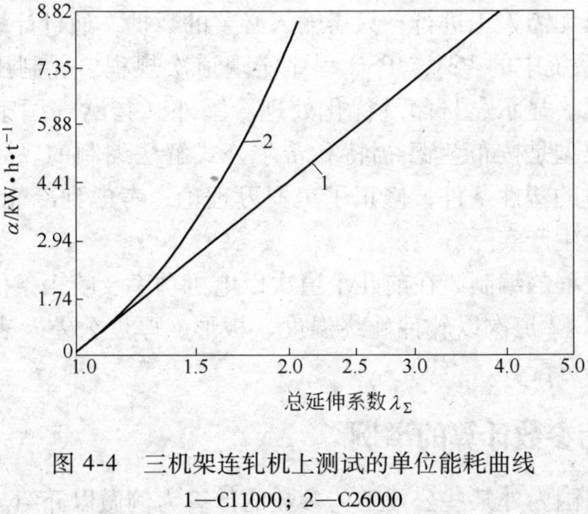

图4-4 三机架连轧机上测试的单位能耗曲线

1—C11000；2—C26000

表 4-3 三机架冷连轧单位能耗曲线的测定条件

（轧机 4ϕ400mm/1000mm × 1000mm，带材宽度 660mm）

图 4-4 中曲线号	合金	轧前厚度 /mm	各机架的轧后厚度/mm			轧制速度 /m · s⁻¹			轧制张力/kN			
			Ⅰ	Ⅱ	Ⅲ	Ⅰ	Ⅱ	Ⅲ	Ⅰ	Ⅰ-Ⅱ	Ⅱ-Ⅲ	Ⅲ
1	C11000	6.15	3.55	2.15	1.70	1.6	2.2	3.6	50	120	170	80
		6.04	3.50	2.15	1.70	1.6	2.5	3.6	50	120	150	80
		6.05	3.30	2.10	1.70	1.3	2.0	4.0	50	125	150	80
		5.55	3.33	2.10	1.65	1.8	2.8	4.0	50	125	180	80
2	C26000	4.66	3.75	2.80	2.55	1.2	1.5	1.9	50	135	180	100
		5.15	3.75	2.70	2.55	1.65	2.1	2.4	50	135	180	100

随着计算机技术的迅猛发展，检测技术的飞速进步，轧制工艺参数的计算已无需人工进行，只需输入必要的数据，通过计算机的二级（Level2）系统中的 PSM、PSC 程序实现道次规程、轧制压力、轧制力矩的计算、显示、打印及优化处理。国外（指欧洲国家）一般选用的数学模型是按布兰德-福特和希尔公式解法编制的。因它采用了平面变形时的塑性条件，修正了奥罗万理论，考虑到冷轧时的特点，所以较结合生产实际。

道次规程的编制，在前几个道次以电机功率及咬入条件作为主控值，最后 1 ~ 2 道次以轧件轧终温度、板形、厚度公差及表面质量为主控目标来分配。

4.2 工艺参数计算的举例

卜面以国内外某些公司工艺参数的计算为例做以介绍。

4.2.1 热轧

二辊可逆式轧机，计算结果见表4-4。

表 4-4 热轧压力计算举例

n	H /mm	h /mm	Δh /mm	ε /%	t/℃	V /m · min^{-1}	P/kN	M /kN · m	N/kW
1	170	155	15	8.8	827	90	2690	288	1183
2	155	131	24	15.5	820	90	3440	444	1782
3	131	108	23	15.3	813	90	3420	423	1704
4	108	88	20	18.5	804	90	3380	383	1550
5	88	70	18	20.5	793	90	3610	379	1533
6	70	54	16	22.6	782	132	4130	398	2361
7	54	40	14	25.9	769	132	4530	397	2352
8	40	29	11	27.5	753	132	4810	364	2147
9	29	21	8	27.6	732	180	4950	313	2543
10	21	16	5	23.8	706	180	4710	235	1935
11	16	13	3	18.8	671	180	4080	156	1353

注：1. 表中符号：
n——轧制道次；
H——入口厚度，mm；
h——出口厚度，mm；
ε——道次加工率，%；
t——轧件入口温度，℃；
P——轧制压力，kN；
M——轧制力矩，kN · m；
N——电机功率，kW。
2. 工艺及设备条件：
材料——C11000；
铸锭规格——170mm × 620mm × 4800mm；
终轧规格——13mm × 650mm × 60000mm；
轧辊尺寸——ϕ850mm × 1500mm；
开轧温度——830℃；
终轧温度——600℃左右；
最高轧速——180m/min；
轧辊的冷却、润滑介质——生产水。

4.2.2 冷轧

（1）初轧：在四辊可逆式轧机上进行，计算结果见表4-5。

表4-5 初轧压力计算举例

n	H /mm	h /mm	Δh /mm	$\varepsilon_{总}$ /%	K /MPa	σ_H /MPa	σ_h /MPa	P/kN	M /kN·m	N/kW
1	12.4	9.88	2.52	20.3	292	7.4	25.7	4874	97.77	1080
2	9.88	7.814	2.066	37	331	25.7	33.7	4932	89.82	1131
3	7.814	6.025	1.789	51.2	355	33.7	47.7	4932	82.85	1201
4	6.025	4.475	1.55	63.9	371	36.3	56.8	4933	76.06	1292
5	4.475	3.136	1.339	74.7	380	40.2	60.8	4931	69.05	1412
6	3.136	2.042	1.094	83.5	386	43.9	61.8	4931	60.66	1547
7	2.042	1.246	0.797	90	393	44.3	62.8	4933	50.62	1661
8	1.246	0.749	0.496	93.6	397	44.5	63.5	4928	39.74	1686
9	0.749	0.5	0.249	96	399	42.6	63.9	4937	28.5	1273

注：1. 表中符号：

σ_H、σ_h——分别为单位后张力、前张力；

K——材料的屈服极限；

$\varepsilon_{总}$——总加工率；

其他符号同表4-4。

2. 工艺及设备条件：

材料——C10200；

来料状态——热轧经铣面后提供的卷坯；

来料规格——12.4mm×650mm×60000mm；

终轧规格——0.5mm×650mm×Lmm；

轧辊尺寸——ϕ350/850mm×800mm；

轧辊的冷却、润滑介质——乳化液；

轧速——最高180m/min。

（2）精轧：在二十辊可逆式轧机上进行，计算结果见表4-6。

表 4-6 精轧压力计算举例

n	H /mm	h /mm	Δh /mm	ε/%	K /MPa	σ_H /MPa	σ_h /MPa	P /kN	M /kN·m	N/kW
1	1.2	0.816	0.384	32	369.0	20	91	1166	4.42	467
2	0.816	0.569	0.247	30.3	659	91.1	152	1496	4.73	500
3	0.569	0.406	0.1630	28.6	761	151.6	175	1496	3.98	421
4	0.406	0.29	0.116	28.6	799	175	184	1494	3.41	361
※										
1	0.29	0.2	0.09	31	389	25	89	7244	1.58	403
※										
1	0.2	0.136	0.064	32	396	25	91	239	0.32	143
2	0.136	0.093	0.043	31.6	664	91.1	152	373	0.41	226
3	0.093	0.064	0.029	31.2	767	152.7	175	463	0.42	210
4	0.064	0.05	0.014	21.9	800	176.4	184	451	0.33	153

注：1. 表中符号同表 4-5；

2. ※指退火工序；

3. 工艺及设备条件：

材料——C5191；

来料状态——经中间退火后的软态；

来料规格——1.2mm×630mm×*L*mm（来料经切边、退火、酸洗处理）；

成品规格——0.05mm×630mm×*L*mm；

轧辊尺寸——ϕ225/135/76/70mm×800mm；

轧辊的冷却、润滑介质——轧制油；

轧速——最高 600m/min。

5 铜及铜合金精密带材轧制过程中的工艺润滑

铜及铜合金精密带材轧制过程的工艺润滑是生产中改善产品质量、降低消耗、提高产量的一个极其重要的技术环节。近年来，工艺润滑理论及实践在铜带轧制方面都有许多新的突破和发展。不仅冷轧工艺润滑技术在不断改进，而且热轧机上也广泛采用了有效的工艺润滑措施。

5.1 轧制过程中的摩擦

要了解轧制过程的工艺润滑为何如此重要，首先必须了解金属轧制过程中摩擦的产生及特点，下面做简要的分析。

5.1.1 摩擦的定义

所谓“摩擦”，是指“在外力作用下，当一个物体相对于另一个物体表面有运动或有运动趋势时，作用在两物体共同界面上的切向阻力”。摩擦力是由接触物体在其接触界面相互作用引起的，所以弄清界面的特征才能明白摩擦的性质。轧制过程包含着轧件与工作辊间的接触。界面从力学观点考虑，表现为一个具有剪切强度的连续膜，处于刚性工具（工作辊）与变形轧件之间。其中摩擦系数通常以公式5-1 表示：

$$\mu = F/P = \tau/p \qquad (5\text{-}1)$$

式中 μ——摩擦系数；

F——物体运动所需的力，kN；

P——法向力，kN；

τ——界面剪切强度，MPa；

p——止压力，kN。

从式 5-1 中看出，当摩擦系数不变时，剪切强度随正压力的增加而以相同的速率增加，符合滑动摩擦的库仑摩擦定律，也是通常所说的黏着摩擦。

从宏观观点来分析界面，一般认为轧辊不可能是刚性的，而是具有一定的弹性模量及强度的材料，在轧制情况下会出现轧辊的压扁，若压力超过临界负荷，轧辊还会产生表层的塑性变形，严重时甚至断辊；另外，还要考虑轧件在变形过程中的变形功及摩擦功所引起的温度升高，使工作辊与轧件的初始温度发生变化，由此也会对润滑和轧制产品性能产生影响。

从微观观点看界面，由于工作辊与轧件表面都有微小的凹凸不平的形状，对摩擦力及润滑膜的稳定性会产生影响，如图 5-1 所示。

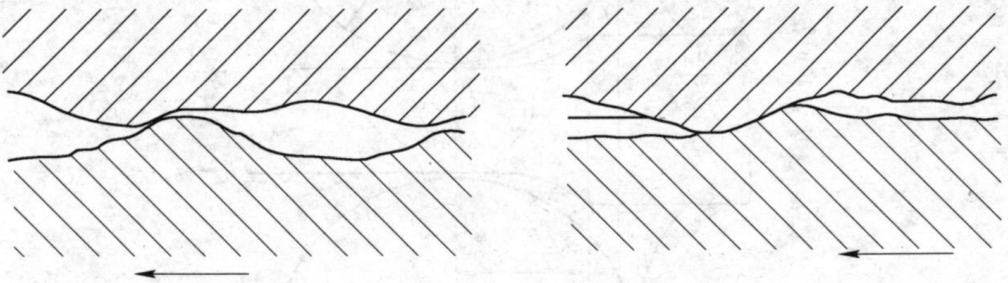

图 5-1　微凸体的相互作用

从图 5-1 看出，在滑动过程中，微凸体间也可以相互变形，而使较软的微凸体发生塑性变形，并可计算出微凸体间相互作用的剪切力，即摩擦力。

按进入摩擦表面接触区的润滑剂数量，摩擦分为三种基本形式：

（1）干摩擦——摩擦体表面无润滑剂或任何污物，即非润滑体摩擦。

（2）边界摩擦——接触表面存在极薄油膜（其厚度为 0.01 ~ 0.1μm）时，称边界摩擦。

（3）液体摩擦——摩擦体表面存在较厚的润滑层，即其摩擦是润滑层的内摩擦，又称流体润滑。

实际精密铜带轧制过程，不可能出现干摩擦，因此在此不予以讨论。

5.1.2　流体润滑理论在轧制过程中的运用

假定轧辊接触弧上轧辊与轧件之间存在流体油膜，通过润滑油膜的黏度特性计算出摩擦切应力，然后再进行轧制力解析。如图 5-2 所示，油膜在轧辊与轧件所构成的入口斜形区“Ⅰ”内形成，当油膜压力达到轧件的屈服极限时，轧件开始产生塑性变形，入口区域表示轧件产生塑性变形前的整个区域，而加工区域“Ⅱ”则表示塑性变形中的整个区域，因此只在本区域内计算摩擦力及轧制力。

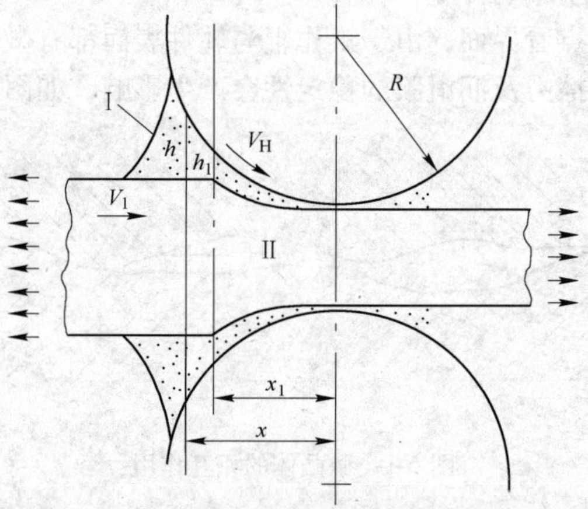

图 5-2　流体润滑轧制过程的模式

由于压入轧件表面的润滑占有一定体积，而改变轧件接触层的表面显微起伏及组织，也会伴随着轧件外观形状产生变化，即出现平行于辊身的细沟纹。

5.1.3　混合润滑理论在轧制过程中的运用

考虑到轧辊和轧件间的表面粗糙度，当油膜厚度小于表面粗糙度时，我们将该润滑状态看成是流体润滑与边界润滑的混合，即称混合润滑模式，如图 5-3 所示。

为进一步完善混合润滑模型，需搞清轧件表面粗糙度沿接触弧上的变化规律，并正确估计边界润滑的摩擦系数 μ，据资料介绍，边界润滑的摩擦系数约为0.1左右；混合润滑状态的摩擦系数应在0.03～0.1之间。此外根据润滑剂的类型确定润滑油的压力指数、温度系数等物理值，选择到最佳润滑状态与轧件表面质量的优化组合；因此混合摩擦条件下，润滑剂的化学成分对决定极薄润滑层的结构和强度具有重大意义。

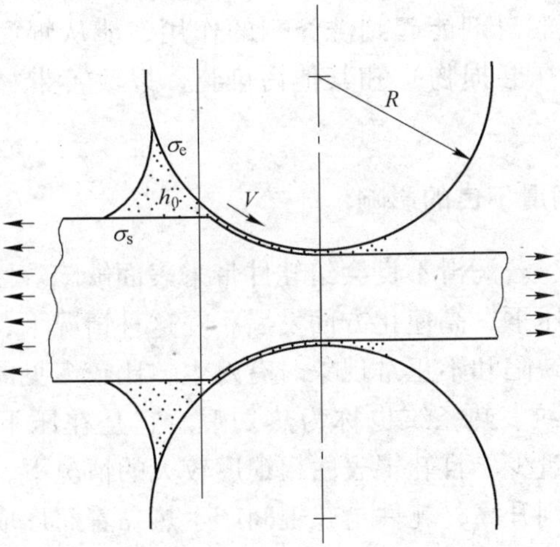

图 5-3 混合润滑轧制过程的模式

5.2 轧制过程中工艺润滑的作用

5.2.1 工艺润滑的目的

轧制中通过工艺润滑要达到的目的：

（1）减小变形区接触弧表面上的摩擦系数和摩擦力，随之使轧制压力和轧制力矩因摩擦力的减小而降低，轧制的能耗也下降；

（2）由于轧制压力的减小，使轧辊的弹性压扁量减小，有效地降低带材的最小可轧厚度；

（3）由于轧制压力的降低，使轧辊的磨损量减少，提高了轧辊的使用寿命，包括热轧机上若选用合理的工艺润滑，热轧辊的使用寿命也有明显提高；

（4）由于轧制压力的降低，可增大道次压下量，减少轧制道次数，同时还可提高轧制速度而使生产效率提高；

（5）工艺润滑剂具有冷却介质的功能，因这些物质均具有较高的热容，可将轧制过程产生的变形热从轧件及轧辊上带走相当大的部分，以保证轧制能顺利进行，同时还可防止带材黏结到辊上，其黏结会损伤轧辊及轧件的表面，是生产过程需避免的；

（6）工艺润滑剂能起到洗涤剂的作用，能从辊面及轧件表面冲洗掉金属微粒（磨损物）和其他污染物，以改善带材表面的光洁程度。

5.2.2 工艺润滑不良的影响

在轧制中，若润滑不良会给轧件带来表面缺陷。因精密铜带轧制愈来愈趋向强压下、高速化方面发展，在这种情况下，由于工艺润滑的原因引起的缺陷和不正常现象时有发生，比较多见的有：

（1）热条纹。热条纹也称为热划痕。它是在压下率大、变形速度高、冷却液量少、且轧辊表面粗糙度较大的情况下，因轧辊接触弧内界面温度急剧升高，轧件与轧辊间产生热黏着而形成的。预防的措施如下：减少轧辊磨削划痕；避免杂物混入辊面；选用耐高温、耐压的优质润滑剂；提高轧辊冷却液的冷却性能等。

（2）震颤。震颤是轧机的一种振动现象，振动频率为几十到5600Hz之间，其中振动频率100Hz到200Hz间的震颤多数是发生在大变形抗力的轧制过程中。同时与乳化液的乳化状态及轧制油的润滑性能有密切关系。

（3）麻点。所谓麻点实际是轧件表面上形成一种白色斑点状缺陷，这些白色的斑点乃是肉眼可见的油坑呈斑状分布所致；该缺陷主要出现在使用乳化液作冷却润滑剂时。因轧制过程中，颗粒直径大的乳化液冲击到带材表面时被破碎而凝集成大的油滴，这些油滴带入到轧辊接触弧内，便造成了这种缺陷。控制该缺陷的有效办法，就是严格控制好乳化液的颗粒直径。

综上所述可得出结论，工艺润滑对轧制产品的质量影响很大，我们要给予足够的重视。

5.3 工艺润滑剂的选择

5.3.1 工艺润滑剂选择的依据

工艺润滑剂的选择，取决于轧机的用途、结构、轧件的特性及不同的产品要求。但基本要求应包括如下几方面：

（1）能有效地降低外摩擦力（摩擦系数小），在保证轧辊可靠咬入轧件的前提下，摩擦力达到最小值，使轧制处于最佳摩擦条件下；

（2）具有好的导热性能，对轧件及轧辊的冷却效果好，使辊温及轧件温度保持在规定的范围内；

（3）减少轧辊磨损并防止轧辊粘铜，保证轧件表面光洁；

（4）对轧件和设备无新增的污染及腐蚀；

（5）无毒性、不变质、没有难闻的气味，对人体健康无危害；

（6）对现场污染小，有利于维护及安全使用，同时废液便于处理及回收，处理成本要低；

（7）保证润滑剂的成分和性能的稳定，使用寿命长，价格合理，资源丰富，适合广泛应用。

5.3.2 工艺润滑剂的基本类型

工艺润滑剂可按化学成分、聚合状态、用途等分类，对于精密铜及铜合金带材轧制时所用的工艺润滑剂，主要分为乳化液和轧制油两大类。

（1）乳化液。是一种液相以细小液滴形式分布于另一种液相中，形成两种液相组成的足够稳定的系统，将乳化液形成液滴的液体称为分散相，乳化液的其余部分称为分散（连续）介质。

乳化液广泛应用于各种轧制过程，它的冷却能力比轧制油大得多，在循环系统中可长期使用，耗油量较低，而且有良好的抗磨性能。

从乳化机理看，乳化液分为两种，一种油包水（水在内相，油在外相）；一种水包油（油在内相，水在外相）。前者用于矿井升降装置上，后者用于金属轧制中。我们选用的乳化液为水包油型

(O/W 型)，如图 5-4 所示。

乳化液由油、水、表面活性剂三部分组成，水起冷却作用，油起润滑作用，由于油滴入水中后，表面张力很大，在其界面上水不湿润油，因此油以单独相形式集中于水的表面，借着表面活性剂（又名乳化剂）的加入，使水—油界面的表面张力降低，一端溶于水，一端溶于油中，即乳化剂的分子吸附在油和水的界面上，按一定方向排列形成一层保护层，将油滴包围起来，如图 5-4 所示。乳化剂似极性物质，它的加入量要根据能全面掩盖分散相表面的需要量决定。其量过大或过小均影响乳液的稳定性。在轧制中，乳化液质量的好坏直接影响到产品的质量，因此选择适用的乳化剂成分十分重要，同时对基础油及水质的选择也不可忽略，我们会在专门章节中讨论。

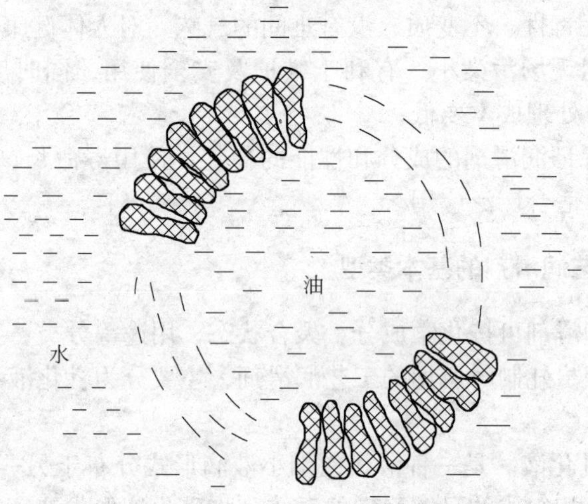

图 5-4　水包油类表面活性剂乳化作用的示意图

铜及铜合金精密带材轧制中，乳化液一般用于粗轧及中轧工序，因粗、中轧工序轧件的道次压下量较大，轧制过程的变形热大，要求工艺润滑液在保证满足润滑的条件下，尽量提高对轧辊及轧件的冷却作用。乳化液的冷却效果（水占总量的 95% 左右）远大于轧制油，水的热导率为 0.524W/m · K；而矿物油的热导率为 0.143W/m · K，二者相差 3 倍以上；加之粗、中轧工序对轧件表面光洁度的要求没有精轧高，因此这种选择是合理的。

（2）轧制油。是由矿物油精制而成，内加添加剂。精制的目的是除去抗氧化性差、热稳定性差、黏度指数低、抗腐蚀性差及气味等的组分。一般用于预精轧及精轧工序，因全油轧制可提高轧件的表面光洁度及抗腐蚀性能，同时轧制过程润滑性能好，可降低轧制压力、轧制扭矩，能耗也随之减少。但它的导热性能要比乳化液差，仅为乳化液的25%左右，所以为保证冷却效果，必需加大轧制油的流量，其流量约为乳化液的2~3倍。

5.4 乳化液

5.4.1 轧制时乳化液的要求

总的说来要满足轧件轧制时润滑与冷却的要求，具体要求如下：

（1）乳化液在配制、使用过程要保证稳定，不出现分层、分解现象，同时具有化学稳定性及热稳定性；

（2）乳化液本身具有一定的表面张力，当停留在轧件表面上时能呈珠状，便于从轧件表面清除；

（3）乳化液中不允许有含硫的化合物及氯离子，对轧件具有较好的耐腐蚀性能，同时保证轧件轧后放置48h内表面不会出现腐蚀痕迹；

（4）轧制过程乳化液的浓度及温度应适宜并且稳定，浓度过高易污染表面同时易打滑（尤其是在初轧机上反应明显），过低影响润滑性能，使轧制压力、轧制扭矩及能耗增大，也影响带材的板形及表面质量。因此，选择合理的浓度并使其稳定是至关重要的，一般在初轧机上选1%~3%（紫铜易打滑、变形热大易选下限，青铜、黄铜选上限）。当然润滑好坏还取决于油从乳化液中析出的能力（这与它的疏水黏度、热分离性有关），它在轧制铜带的咬入区内形成润滑膜层，起到润滑作用。乳化液的温度也应保持稳定，过高易分层，过低易打滑，一般采用36~40℃。

5.4.2 乳化液主要成分的选择

（1）基础油。它直接影响乳化油的各项性能，如黏度、闪点、倾点、橡胶溶胀及乳化分散性等。黏度过高影响配液器的效能及所配乳化液浓度的准确性，黏度过低影响乳化液的润滑性能，一般选运动黏度（40℃）为 35～50mm^2/s；乳化分散性影响自乳化性，即在水中的分散能力；闪点一般选用180℃以上的。

（2）水。水的质量不但影响所配置乳化液的稳定性，同时影响对铜带的抗腐蚀性能。某工厂曾以不同水质（工业用水、化学净化水及去离子水）配置乳化液，其理化值差异很大，如表5-1所示。

表5-1 不同水质的理化值

水质类型	总硬度 /$mg \cdot L^{-1}$	盐含量 /$mg \cdot L^{-1}$	氯离子 /$mg \cdot L^{-1}$	SO_4^{2-} 离子 /$mg \cdot L^{-1}$	总碱量 /$mg \cdot L^{-1}$	游离油（总量的）/%	对金属腐蚀（不合格）/%
工业用水	19.7	2508	300	972	3.9	31	88
化学净化水	0.74	2080	340	968	1	22	84
去离子水	0.028	5	2	2	0.1	8	2

从表5-1看出，水质对乳化液质量的影响非常大，为保证乳化液的质量，现一般选用去离子水来配置。对配置乳化液的水质提出以下要求：

硬度： ≤4DH；

总碱量： <1.0mg/L；

SO_4^{2-}： <5.0mg/L；

Cl^-： <5.0mg/L；

pH值： 6.5～7.5；

电导率： <10μs/cm；

悬浮物： $<5\times10^{-4}\%$；

无色、无味。

（3）乳化剂（即表面活性剂），是使油、水能乳化的基本条件，因它使油、水界面的表面张力降低，一端亲水，一端亲油，如图5-4

所示。格立非提出亲水、亲油的平衡值以 HLB 值来表示，亲油性最强者 HLB =1；亲水性最强者 HLB =40；其 HLB 值大小的选择与基础油的成分、性能有关。

乳化剂有阳离子型、阴离子型、非离子型及合成型四种，对于铜及铜合金而言，要求呈微碱性或中性，所以一般选阴离子型或非离子型。20 世纪 70 年代前，以阴离子型为主，如前苏联在有色加工材（铜、铝）轧制时，均选用阴离子型，以 59Ц 为代表，乳化剂以油酸（亲油基、羟酸类、属阴离子型）、三乙醇胺（亲水基）为主，二者加入的比例取决于油酸中的脂肪酸的含量及三乙醇胺中的含胺量，要求二者的质量非常稳定，但实际很难控制，因原料来源的差异，尤其是油酸中的酸值及碘值差异很大。当酸值高时，乳化剂的游离有机酸含量增高，轧制时易产生铜皂而污染表面，降低乳化液的稳定性；当碘值低时，即油酸含量低，而硬脂酸含量高，使油酸的凝固点提高，配成的乳化液易产生黏着物，但碘值过高时，易氧化变质，因此获得质量稳定的油酸非常重要。三乙醇胺的质量较稳定，但三乙醇胺是一种络合物，与铜发生络合反应形成胺-铜络离子，其水溶液使铜溶解而被腐蚀，因此耐蚀性能差，不适合于铜材轧制，已被逐渐淘汰。而铝材的轧制仍能使用。现在铜及铜合金的轧制中一般选用非离子型乳化剂，它能提高对铜材的抗腐蚀性能。另外，也有选用合成型的，但后者成本较高。

5.4.3 乳化液使用中的问题及措施

（1）乳化液在使用中稳定性不好，容易出现部分油水分离，既污染轧件表面，又影响轧材的润滑性能，此问题必须严加控制。要获得相对稳定的乳化液需具备以下条件：要降低外相、内相间的界面张力，使界面层有强的吸附能力；要能形成牢固的液滴界面膜，以防止液滴间迅速凝聚；使内相的油成为肉眼不能分辨的细小液滴，均匀地分散在水中，这须靠机械方法强烈搅拌；油滴直径要控制好，它的大小直接影响乳化液的稳定性及润滑性能，同时油滴的电荷及油滴的移动速度也直接影响它的稳定性，通常认为油滴直径在 3 ~ 10μm 范围内均有较好的稳定性。为防止使用过程稳定性的下降，要减少杂油的带入，否则会使稳定性下降，因杂油的带入会破坏乳化液的界面状态，同时污染轧件表面。

（2）轧件表面若有乳化液残留，将很快使轧件表面出现腐蚀痕迹，如图5-5所示。严重时，通过酸洗都无法去除，这是由于外部杂物的带入或在停车阶段乳液系统未打循环，使细菌繁殖加快，导致轧件表面的腐蚀加速而造成的后果。解决的办法，包括建立一个好的过滤系统，及时将杂物清除，同时可定期补充部分抗菌剂；另外，停车阶段乳液系统必需进行内循环，不能使乳液处于静止状态。

图5-5　铜试样上残留乳化液的腐蚀痕迹

（3）乳化液使用中出现泡沫，明显降低了乳化液的冷却性能及润滑性能。这是由于碱性物的带入，比如在定期进行乳液系统的清理时，碱性的清洁剂未冲洗干净，这部分残留的碱性物会导致配置乳化液时出现许多泡沫，需加消泡剂来解决，或加适量的硬水也能减少泡沫，但对乳化液的稳定性会受一定影响。为防止该问题的出现，清理乳液系统时避免采用强碱性物，若使用则应保证冲洗干净。

（4）当选用乳化液轧制铜及铜合金带材时，有时在轧件表面出现白点状的污染物，尤其是刚配置的新乳液此问题更加明显，是产品表面不允许的。这与所选乳化剂的成分有关（如容易出现铜皂的成分占的比例偏大等问题），并与配置过程中搅拌不充分、不均匀有关，同时与系统中的残留物附着也有关系。

（5）某些乳化液使用中出现轧制压力大（其他轧制条件完全相

同时），辊系、牌坊很容易被乳化液污染，同时对轧件的附着力强，不易去除。例如，该类乳化液经分析各项指标都很好，如抗腐蚀性能、稳定性、冷却润滑性能等。但由于有上述的问题，在铜材轧制中无法使用，其原因尚无定论。编者认为，很可能与乳化液的油滴直径有关，油滴直径愈小，乳化液愈白；但油滴直径过小，会使油滴表面积增加，相应需要的表面活性剂量也要增加（否则乳化液的稳定性会下降）。因此油滴直径过小，会使油膜强度明显增加，润滑性能提高，轧制时压力也必增加，同时对脏物的吸附力增强，使辊系、牌坊很易被乳化液污染，轧件上的残留乳化液也难以去除，直接影响表面质量。当然油滴直径过大，又会使乳化液稳定性降低，同时会出现板面油黏着不均匀，而出现轧制压力增大的不良效果。所以选择合理的油滴直径对提高乳化液使用中的质量是非常重要的。

5.4.4 使用过程常规的检测项目

（1）乳液。乳液日常检测项目及要求如表 5-2 所示。

表 5-2 乳液日常检测项目及要求

检测项目	控制范围	要 求
外 观	无异常，不变色	2 次/月
pH 值	7.0 ~ 8.3	2 次/周
腐蚀（常温，24h）	≤2B	1 次/周
电导率/$\mu S \cdot cm^{-1}$	<600	2 次/月
浓度①/%	1.0 ~ 3.0	2 次/周
稳定性（漂浮物含量）	≤2%	1 次/周

①当乳液浓度低于控制范围，应补充新乳化油，乳液浓度过高时，应补充合格的去离子水，使浓度控制在要求的范围内。

（2）去离子水。用于乳液的配制及水的补充，去离子水检测项目及要求，如表 5-3 所示。

表 5-3 去离子水检测项目及要求

检测项目	控制范围	要 求
电导率/$\mu S \cdot cm^{-1}$	≤10	每天自检 1 次 每月送检 1 次
pH 值	6.5 ~ 7.5	

5.4.5 乳化液的更换

乳化液使用过程，根据检测分析结果，将性能控制和调整在要求的范围内，如果乳液性能变化太大，尤其是经腐蚀试验和退火试验后，结果表明试样锈蚀严重，则应立即停止使用，全部或部分更换新乳液。

正常情况下，每三个月至半年应全部更换一次新乳液。

乳液系统的更换程序如下：

(1) 抽出全部乳液；

(2) 人工清理乳液槽（罐）中的沉淀物及乳液槽（罐）内壁；

(3) 清理过滤系统；

(4) 在槽（罐）内加入生产水或软化水打循环。抽出槽（罐）内清洗水，再次进行人工清理；

(5) 在槽（罐）内再次加入生产水或软化水，加热到40℃左右打循环，抽出槽（罐）内清洗热水，再次加入生产水或软化水打循环；

(6) 抽出槽（罐）内清洗水，加入足量的去离子水，然后缓慢地按比例配入乳化油，打循环4h后，进行取样分析，合格后方可进行循环作业。

5.5 轧制油

精密铜及铜合金带材轧制中，轧制油用于预精轧及精轧工序，因该工序对表面质量要求高。

5.5.1 轧制油的要求

(1) 黏度。一般以在40℃条件下的运动黏度 γ（mm^2/s）来表示。它是评价油品流动性能的指标。黏度值的选择取决于被轧金属的抗压强度、润滑性能及表面光洁度的要求。黏度高的轧制油，闪点高（工作中安全性强）、润滑性能好、抗压强度高，但轧件表面的光洁度差，对轧件及轧辊的冷却效果也差，同时轧件表面的除油效果也会下降。黏度低的轧制油，会有相反的效果。我们希望几方面性能可以得到最佳的配合，既有好的润滑性能，又有好的冷却散热条件，安全的生产环境及光洁的表面质量。经实践证明，选择 γ（40℃时）在 7~8.5mm²/s为适宜；但随着科学技术的发展，精密铜及铜合金带材的表面粗糙度要求越来越低，同时随精轧机速度的提高，对提高轧制油的冷却及除油效果的要求也愈来愈高，因此有向低黏度（γ 在 40℃时，为4~6mm²/s）方向发展的趋势，但必需保证足够安全的闪点值及润滑性能；

（2）闪点。闪点即着火点。闪点高低与基本油的馏程直接有关。闪点低者，轧制过程带材因压折、断带或冷却条件差，轧件局部温度升高而会着火，所以必需有严格的防火措施。为安全起见，闪点选择在 150℃以上，即使这样，也必需在轧机边配置 2 套自动灭火系统（一套备用），以防万一。

（3）酸值，又称中和值。单位为 mg(KOH)/g。其物理意义指油中环烷酸等量的多少（有机酸含量），通过 KOH 中和后反应出酸值的高低（环烷酸是油中不稳定物质，如烯烃等与空气中氧反应后而成），一般要求酸值不大于 0.1mg(KOH)/g。若酸值高，使轧件表面易出现变色（氧化色或腐蚀痕迹），所以该指标也必需严格控制；

（4）抗氧化安定性。指在加热情况下，或在有金属的催化作用下抵抗氧化变质的能力，以水溶性酸含量与酸值 mg(KOH)/g 来表示。还可选择其他方式测定该指标，目前无统一标准。

由于氧化后生成大量的有机酸会腐蚀设备，同时氧化后会加深油的色泽，增大油的黏度，阻止散热，影响润滑系统的正常运行。所以残存油箱中的氧化变质后的油品必须彻底清理，否则会加速反应过程；

（5）倾点，又名凝固点。指轧制油从标准型的容器中流出的最低温度，或称流动极限。轧制油倾点若过高，在冬季使用，从桶中往油箱中倒入时，会出现许多油中的添加剂被残留在桶中无法倒出，这不仅影响轧制油的性能，同时也造成极大的浪费。因此，要求轧制油的倾点应控制在 -10℃以下。

（6）水分。严格说来，轧制油中是不允许含水分的，即使有极少量的水分存在，也会使油品呈浑浊色，形成沉渣，严重影响润滑时所形成的油膜。有水分存在会加速有机酸的腐蚀作用、加速油品的老化变质，使添加剂失效，同时加大轧制油乳化的可能性（乳化生成沉淀或出现泡沫）。因此，在现场必须严防水分的带入。

（7）抗腐蚀性能。其检测方法：将分析油样分别滴在紫铜、黄铜试片上，经100℃、3h的加热或常温、24h后，将试片表面清理净，观察试样表面是否有腐蚀痕迹，并按腐蚀痕迹的深浅确定腐蚀等级；要求在1A级为合格产品。

（8）机械杂质。达到NAS 7级及以下，相当于轧制油经精密过滤后，过滤精度应达到3μm，这与过滤系统的结构、滤剂材料的选择（如硅藻土、活性土及滤纸的材质、规格、性能及配比等）均有重要关系，否则过滤精度及色度都难以达到要求，同时还要严防因滤剂材料的规格选择不当而漏入轧制油内。

（9）退火时挥发性能好，退火后表面应无油斑（除因杂油带入所致）。

（10）其他要求。对轧制油还有别的要求，在此不细叙述，如灰分（小于0.01%）、羟值（反映油中添加剂成分及多元醇含量的多少，对以醇类为主者，一般要求控制在10～13mg(KOH)/g范围内，若以酯类为主就不需该指标）、色度、黏度指数（指数高，温度对黏度的影响小）。

（11）经济实用、对人体无毒无副作用，对环境无污染。

5.5.2 轧制油使用过程易出现的问题及措施

（1）色度加深。新来的轧制油，色泽是呈浅黄、清澈、透明的，使用过程发现色泽加深。由于色泽的加深，使材料表面易变色（发红）。颜色加深的原因是多方面的，油中外来油的污染，油中铜含量的增加，油的老化等。轧制油色泽的加深会使油的酸值增加，到一定程度会引起表面腐蚀；为了保证油的色泽，加强脱色滤剂（活性土的材质、粒度及加入量的比例）合理的使用，能有效地起到脱色的作用，但用量不宜过多，否则轧制油中的添加剂会损耗得快；另可添加新油，使色泽得到适当改善；当然油若氧化会生成酸、酮、醛，而使油的颜色加深，因此控制好油的抗氧化性能也是非常重要的。

（2）黏度增高。使用过程发现轧制油的黏度不断增高，某公司曾在一台全油轧机上进行过测试，其结果，连续工作 15 天后油的黏度从 7.85mm^2/s 升到 8.5mm^2/s 左右。若黏度增高到一定值就会直接影响轧件的表面光泽，对轧件的抗腐蚀性能也减弱，尤其对紫铜、青铜更为明显，放置三天轧件上就显出变色痕迹。黏度增高也影响轧制过程的冷却效果，严重时还会导致轧件与工作辊间打滑，直接影响轧件的表面质量。引起黏度增高的原因较多，也较复杂，其中主要原因是由于外来杂油的带入，如液压油及其他润滑油的渗漏，会使轧制油的黏度增高（因这些油的黏度均高于轧制油的黏度）；另外，油的氧化也会使油的黏度增加；若油中出现铜的皂化物时轧制油的黏度也会随之增高。因此在使用中油的黏度超出允许范围时，就必需添加新油，或补充性能完全相同、黏度偏低的新油，此效果更明显。同时要严防其他液压系统的泄漏。

（3）轧制油中杂质含量超标，直接影响轧件的表面质量，使表面出现压坑、麻点等缺陷，是不允许的。所以要求过滤精度达到 NAS 7 级及以下（即过滤系统的精度应不大于 3μm）。在使用板式过滤装置时，出现超标的主要原因有：过滤纸性能不均，如局部强度小、孔隙大，此处易漏滤剂，或过滤纸本身的断裂强度、伸长率不够，使过滤纸拉长变形，也会出现漏滤剂现象；滤剂颗粒度选择不当，过细易漏、过粗过滤效果不佳；预涂的滤剂厚度不当，过厚吹不干，无法形成饼状会流失，也起不到过滤的作用，过薄过滤效果不佳；或因预涂滤剂后风压过低，无法吹干又出现前述的滤剂流失，而污染轧制油，使油中杂质含量超标。

5.5.3 轧制油的常规分析

采用 N60 轧制油或性能完全相同的其他牌号的轧制油（包括国产的，如北京塞达公司的 SD608 等）。

检测项目及要求如表 5-4 所示。

表 5-4　轧制油检测项目及要求

检测项目	控制范围	要　求
黏度(40℃)/$mm^2 \cdot s^{-1}$	7.0～8.5	1次/月
中和值(酸值)/mg(KOH)·g^{-1}	<0.1	1次/月
腐蚀（常温，24h）	1A级	2次/月
水分/%	0	2次/月
灰分/%	≤0.01	2次/月
闪点(开口)/℃	>150	1次/2月
倾点/℃	<−10	1次/2月

5.5.4　轧制油的更换

轧制油使用过程，由于前面所叙述的原因而严重影响轧材的产品质量时，就需考虑更换，具体指标见表5-5。

（1）轧制油更换指标如表5-5所示。

表 5-5　轧制油更换指标

项　目	检测结果
酸值/mg(KOH)·g^{-1}	>0.3
黏度(40℃)/$mm^2 \cdot s^{-1}$	>13
色度（ASTM）	>4
退火试验、腐蚀试验	严重恶化
表面质量	表面严重污染、润滑冷却效果显著下降

轧制油使用到一定期限后会变质，润滑冷却性能下降，表面污染程度增加，当达到表5-5的数据时就应更换新油。

（2）轧制油全部更换的程序。排出旧油，清理油罐及过滤器；然后用低黏度（40℃时的运动黏度在4.0mm^2/s左右）、同类型的轧制油进行循环清洗，目的是将旧轧制油从系统中全部排净（包括管道等），以防污染新油。最后用拌好的面团将箱内脏物沾净；经检查合格后方可将新油按要求加入箱内。

（3）若部分指标不合格，如黏度偏高，可采用添补新油的方式进行调节。

5.6 铜及铜合金精密带材轧制过程中工艺润滑的发展趋势

随着铜带冷轧机速度的提高，工艺润滑的影响显得越来越大，尤其是精轧机，轧速已达800m/min以上，速度的提高必导致轧制过程变形热的增加，要保证铜带在轧制过程的尺寸精度、表面质量及板形，必须提供充足的冷却液，并保证优良的润滑性能，而使轧辊辊面温度保持稳定（一般低于50℃）。轧件最后道次的轧出温度要严格控制，否则带材表面容易出现变色或在带材表面出现烧结痕迹。为解决此问题，许多科技工作者围绕该课题组织攻关，近年来已有所突破，主要在以下几方面取得进展：

（1）在保证轧制油的润滑性能的前提下，降低轧制润滑油的黏度，以提高它的冷却能力，但最好轧制油的闪点能在150℃以上（从安全角度考虑，要严防着火）。目前国外已有部分轧制油的供应商（如日本的出光公司、好富顿有限公司及科威特某公司）研制出运动黏度在4.5mm^2/s（40℃的条件下）左右，闪点为120℃（安全性有待考察）。轧制油黏度的降低，可提高对轧辊及轧件的冷却效果，有利于改善轧件的表面质量，降低表面粗糙度，但同时要防止因黏度不足而引起油的缓冲力减少，使带材表面产生波状损伤，所以该值的合理选择十分重要。

（2）加大轧制过程轧制油的流量，并将流量分为以下部分：轧辊的基本冷却、轧辊的区域冷却、带材的强制冷却；而对带材的强制冷却所占的流量为总流量的70%左右，以保证带材出口温度降到要求数值。另外，冷却系统喷嘴或喷射板的设计也至关重要，角度、流量要得到充分保证，同时严防断带时损坏喷嘴或喷射板，因为它的变形会使喷射角度、流量改变，使冷却、润滑效果明显下降，产品的板形、表面质量均会恶化；如何保护好喷射系统，也是设计者的重要内容。

轧制油流量的加大会带来新的课题，就是在带材卷取前如何除去表面的轧制油，使残留油量降到最低（要求每面残油量小于200mg/m^2），否则卷取过程带材卷层间很易出现横向窜动，无法卷齐。它不仅严重影响轧速的提高，也会导致大量轧制油的浪费，所以必须要有有效的除油措施。当前国内外的轧机设计师及制造商均围绕该课题提出不少新的设想及改进方案，但效果仍不尽人意。可以说，仍然属今后攻关的课题。

（3）从油的成分上着手来适应高速、高压下率、高品质铜带的轧制需求。轧制油由基础油和添加剂组成。日本某润滑油公司提出建议：在基础油方面，为减轻带材轧后退火时留下油的斑迹，选用低黏度窄馏分的基础油；在添加剂方面为提高轧件的表面光洁度，防止表面产生波状损伤，应减少或不采用醇类添加剂而选用酯类的，同时加上抗氧化、耐磨、耐腐蚀的添加剂。上述建议可供参考，尚有待进一步试验。

（4）轧件出口（指最后一道次）温度的控制。为防止铜及铜合金带材轧后轧件表面氧化变色，要求轧件最后道次的出口温度不大于80℃（纯铜最好低于60℃）。为解决此问题，近年来国外部分设备制造商针对该课题进行了研究、开发，已初见成效，并应用到生产中。即实现轧件出口温度的闭环控制，在轧机出口侧装有温度检测仪（也有通过计算机模型计算出其值），将信号输入计算机中，计算机通过道次压下量、轧制速度、扭矩、工艺润滑流量等进行综合调节，以保证带材出口温度不超过允许值。

6 铜及铜合金精密带材的生产

6.1 概述

随着科学技术的发展对材料的综合性能要求不断提高，用户对铜及铜合金精密带材的要求愈来愈高，要求的指标越来越多，品种也不断扩大，需求量不断提高。目前铜及铜合金精密带材的需求量已占铜带生产量的70%以上，以后该比例还会不断提升，使铜及铜合金精密带材的生产压力越来越大。所以近年来，围绕铜及铜合金精密带材开发及生产的新项目增多，初步估计到2011年，投产的新项目产能可达60万t以上。到2005年底，我国铜及铜合金板带产量已达85万t以上，但中低档次的产品占70%以上，急需的高档铜及铜合金精密带材仍依赖进口，2005年这部分的进口量在27万t以上。因此，根据消费需求，如何减少低档产品数量，增大高档铜及铜合金精密带材的产量，以适应工业生产的需求是铜加工企业的重要任务之一。

6.2 生产工艺的特点

铜及铜合金精密带材的生产不同于一般铜带的生产，其生产工艺特点表现在以下几方面。

采用大卷轧制，单位带宽的卷重一般不小于6.0kg/mm，现国外部分铜加工厂精密铜带已达到20kg/mm，因为大卷轧制不仅能提高劳动生产效率，而且使产品成品率及产品质量得到明显提高。随着电子工业的发展，对铜及铜合金精密带材长度的要求愈来愈长（如有的电缆带长度需大于4800m）。

6.2.1 不同品种选用不同的生产方式

铜及铜合金精密带材的生产方式根据品种特性及用户要求，主要分六大类：

（1）半连续铸造、热开坯、铣面及冷轧、热处理、精整等生产工序。

（2）立式连续铸造、热开坯、铣面及冷轧、热处理、精整等生产工序。

（3）水平连续铸造、铣面及冷开坯、热处理、精整等生产工序。

（4）连铸（在竖炉熔炼、卧式炉保温、哈兹利特双履带式铸造机上铸造出 40mm×1250mm 的带坯）、预加热（在箱式炉进行）、热轧（轧至 14.0mm）、铣面及冷联轧（双机架四辊不可逆轧机上进行，轧至 4.0mm 的带坯）上述五道工序在一条机组上连续进行，随后再进入热处理、精整等生产工序。

（5）立式弯曲连铸、铣面及冷轧、热处理、精整等生产工序。

（6）在 20 世纪 60 年代国外曾经有以上引法连铸的圆杆，通过挤压（有热挤、冷挤）开坯的生产方式来代替热轧开坯。

前两类生产方式用于高温性能好、成品内部组织要求高的精密铜带的生产。该方法品质好，但投资成本较高，生产周期稍长。

第（3）类生产方式一般用于生产不适合于热开坯的品种如锡磷青铜、铅黄铜、锌白铜等铜合金。但不少中、小型铜加工企业为了降低投资成本，也选用该生产方式生产普通的紫、黄铜带材。

第（4）类生产方式属近年来新开发的生产方式，如德国 MKM 公司用此方式生产紫铜、变压器带及电缆带的带坯。选用该生产方式与第（1）类生产方式相比有利有弊。利：可使操作时间节约 1/3，节能 40%，每吨产品计算投资节省 40%；弊：品种单一，开始投资大，铸造工艺过关的难度大（该公司经四年工艺攻关）。因此生产方式仅适于市场需求量大、质量要求一般的铜带生产。

第（5）类是芬兰奥托昆普公司、瑞典的 Metal Inerken 公司生产水箱散热带时部分产品运用此类连铸连轧技术，该生产方式适于品种单一、产量大的企业，但稳定连铸连轧的工艺难度较大。

第（6）类生产方式的坯料表面质量及尺度精度优于热轧带坯，但挤压压余及缩尾等几何损失大，同时只适于挤压窄带坯（宽度在 250mm 左右），生产效率偏低，加工成本偏高等问题而未被推广。不过仍有部分中、小型企业选用该方式开坯。

6.2.2 优化工艺

以达到较大幅度地降低成本、提高成品率、节约金属及能源、使经济效益得到提高，采取的方法如下：

（1）强化加工过程，其方式有两种：

1）合并工序，提高工艺过程的连续性来减少工序数量。这样有利于提高成材率及生产效率，同时可缩减金属在工序间的运输工作量，使生产成本降低，节约能源。例如可将脱脂、退火、酸洗、清洗、矫直等工序在一个机组上完成。

国外某公司为减少带坯表面的划伤，将热轧、铣面、冷粗轧工序在一条连续生产机组上完成，既减少设备台数，又提高了生产效率，同时减少因中间运输所造成的经济损失。当然，这种方式有利、有弊，“弊”是不易协调生产，如某道工序设备出现故障就要影响一大片。因此，此方式适合于年产量在两万吨左右的，而且品种较单一。所以在这点上要结合品种要求、产能大小及投资规模来确定。

2）减少中间退火次数，有的品种在设备能力允许的条件下，可充分利用金属的塑性，加大两次退火间的总加工率，以减少中间退火次数，缩短工艺流程，实现成品率与生产效率的双提高。如生产普通、无特殊要求的紫铜带时（指硬态、无变形后加工的产品），可将总加工率控制在95%以上，它可从热轧、铣面后的14.5mm冷轧到0.05mm以下，中间也无需进行退火。

（2）优化工艺参数，充分利用综合的科技成果，先进的电子技术（即计算机软件）、检测装置及自动控制手段来实现工艺参数的检测、闭环控制及进行工艺参数优化，以获得产品综合质量的最佳匹配，如产品的尺寸精度、板形、性能及表面质量等都能满足用户的要求。

为提高产品质量，人们不断地将高精度钢带、铝带的先进生产技术运用于铜及铜合金精密带材生产中。如板形的自动闭环控制技术、拉弯矫直技术、表面质量检测技术、高氢光亮退火技术、精密铜带轧制过程液压 AGC 系统选用质量流的控制技术及 SPC 的质量管理技术等。

建立严格的工艺、技术、质量、成本、设备及销售一条龙的企业管理体系，这是铜及铜合金精密带材生产必不可少的环节。

综合上述生产工艺技术的特点，说明它的发展是与整个国民经济工业发展速度及水平相一致，同时与铜板带生产装机水平相匹配，并着重于发展优质、节能、省料、无公害等新技术。

6.3　生产工艺流程的选择

铜及铜合金精密带材生产工艺流程的选择，取决于生产产品的品种、规格、状态、性能及其他质量指标（如电导率、软化温度、弯曲性能等），同时结合本企业所配置的设备及检测手段来选择。

6.3.1　制定工艺流程必须遵循的原则

（1）充分利用合金的塑性，尽可能地减少中间退火及酸洗工序，使生产周期短，劳动生产能力高。

（2）产品质量满足用户所提出的标准或技术条件的要求，能实现生产成本低，成品率高的需求。

（3）结合具体设备条件，各工序合理安排，设备负荷均衡，既保证设备安全可靠的运行，又能充分发挥设备的潜力。

（4）物料运行顺畅，尽可能减少倒流，减少中间工序或天车的运输量，以保证流程的畅通。

（5）有清洁卫生的环境及良好的劳动条件。

6.3.2　铜及铜合金精密带材生产工艺流程的分类

（1）根据品种可分为五类：

1）紫铜类：如 C10100、C10200、C10500、C11000、C11500 等；

2）高铜类：如 C14500、C15000、C15100、C15500、C17000、C18100、C19200、C19210、C19400、C19500、C19700 等；

3）黄铜类：如 C26000、C26800、C37700 等；

4）青铜类：如 C51910、C52100 等；

5）白铜类：如 C70250、C70400、C70600、C75200、C75700、C77000 等。

（2）根据用途可分为七类：

1）精密水箱铜带；

2）电缆带，其中有浅海用电缆带、深海用电缆带、射频电缆带、铜包铝电缆带、防火及防爆电缆带、通信用电缆带等；

3）电子接插件用铜合金带；

4）引线框架用铜合金带；

5）变压器用铜带，分高压及低压变压器带（用于生产干式变压器）；

6）微电机整流子用铜带；

7）其他用途的精密铜带。

（3）根据企业的装备条件及生产规模来分类，可分为：

1）装备条件好、生产规模较大的大型企业；

2）装备条件好、实行专业化生产的中小型企业；

3）装备条件一般、生产规模较小的中小型企业；

4）新建项目，根据市场预测确定项目的产品方案，结合资金状况选择生产规模、生产工艺流程，再确定设备选型及装备水平。

综合上述分类方式，说明铜及铜合金精密带材的生产工艺流程，即使对同一产品而言，各加工企业差异都可能较大（包括国内、外的同类企业）。当然，这里还有产品档次的差异，但有个基本原则，就是如何生产出满足用户不同档次产品的要求，并实现成品率高、生产成本低、经济效益好的成效。

6.3.3 铜及铜合金精密带材生产工艺流程举例

在此，介绍国内外铜及铜合金精密带材生产的工艺流程，有的以品种为例，有的以用途为例，因为工艺流程的选择关系到产品的质量及经济效益，并关系到整个生产经营的管理，所以是一个企业管理中非常重要的技术工作。现以以下几种典型产品为例说明国内外同类企业、同一品种的工艺流程之区别。

（1）锡磷青铜的精密铜带生产工艺流程，如表 6-1 所示。

表 6-1　C5191 0. 25mm × 32mm H 态精密铜带生产工艺流程

序号	工序名称	美国某公司 A	意大利某公司 B	法国某公司 C	德国某公司 D	国内某公司 E	国内某公司 F	国内某公司 G
1	水平连铸							
2	铣　面							
3	均匀化退火							
4	初　轧							
5	中间退火							
6	中　轧							
7	切　边							
8	酸　洗							
9	预精轧							
10	预精轧退火							
11	精　轧							
12	脱脂清洗							
13	消除应力退火							
14	拉弯矫直							
15	成品剪切检查，取样(性能试验)							
16	排线卷取							
17	包装，发运							

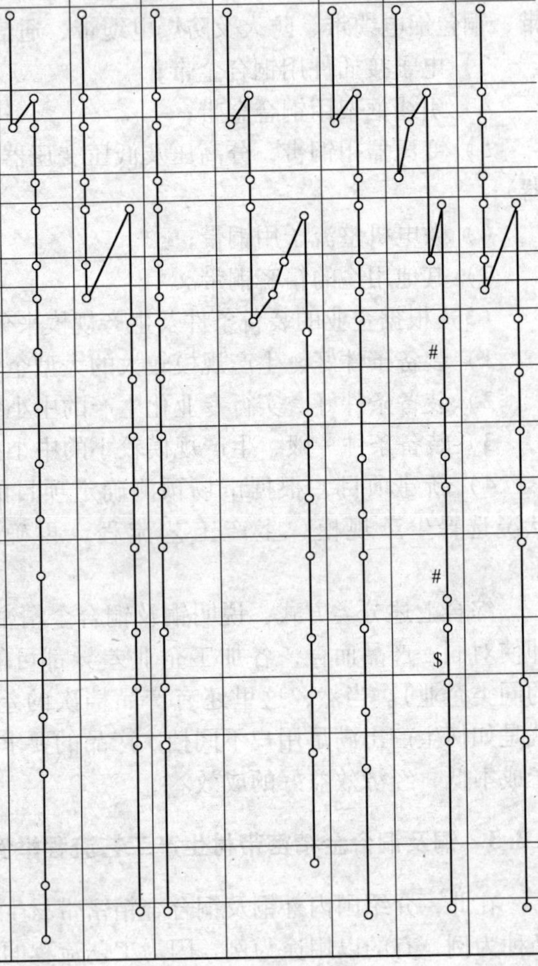

注："#" 表示还包括抛光工序；

"$" 表示选用张力退火。

从表6-1看出，各公司的工艺流程可归纳为以下四类：

1）水平连铸带坯先均匀化退火，再铣面（见表中流程A、D、E所示），主要防止均匀化退火时卷层间粘结所带来的不良后果，同时铣面机列是在线外独立配置。

2）水平连铸机列上配置有铣面设备，均选用先铣面再均匀化退火的工艺流程，它工序短、配置紧凑、投资少，但退火时的粘结问题须从退火工序的工艺参数及气氛方面采取措施（见表中流程B、C、G）。

3）水平连铸带坯冷初轧到一定厚度后，再进行均匀化退火，然后铣面，有的是由于受罩式炉内胆直径的限制，如瑞典某铜加工厂（表中未列）。

4）为提高表面质量，有的铜加工厂在该产品生产中加强了表面抛光工序（如表中流程F）。

对于C52100类的高锡青铜带，有的铜加工厂考虑防止因偏析所造成的表面裂纹，而进行两次均匀化退火及铣面，中间初轧到一定厚度（一般9.0～10mm）再进行一次退火及铣面，如美国的某铜加工厂。我国的铜加工厂未选用该工艺方案，而是采取增大一次铣削量的办法来解决，能基本满足用户要求。

（2）电缆带的生产工艺流程举例，如表6-2所示。

从表6-2可知，射频电缆带的生产工艺流程差异较大，从熔铸的熔炼方法到铸造方法均不同，其中关键是熔铸过程氧及其他气体含量的控制，一般要求氧含量控制在$10\times10^{-4}\%$以下，国外大公司可控制在$5\times10^{-4}\%$以下，氢气含量的控制也是关键，否则成品会出现气泡、起皮等缺陷，同时也要控制好磷的含量，否则直接影响电导率。国内近几年新开发的“联体式潜流水平连续紫铜带坯的生产线”，生产厚度14～20mm、宽度200～610mm、卷重最大可做到3t以上的带坯，含氧量控制在$10\times10^{-4}\%$左右；该技术最初运用在管、棒的铸坯生产中，现又扩展到带坯的开发中。如2005年我国某铜加工厂（表6-2中的E）已将该技术成功运用到无氧铜带坯生产中。传统的生产方法是将熔化的铜水通过溜槽向铸造机倾倒输送金属液，它很容易在输送过程中受到污染，使铸坯产生吸气、吸氧、夹杂等内部缺陷，

表 6-2 C10200 0.254mm×610mm S 态电缆带生产工艺流程

序号	工序名称	日本某公司A	瑞典某公司B	德国某公司C	中国某公司D	中国某公司E
1	熔铸					
	A水平或立式连铸		○	○		○
	B半连铸	○			○	
2	加热	○		○	○	
3	热轧	○		○	○	
4	铣面	○	○	○	○	
5	初轧	○	○	○	○	○
6	中间退火	○	○	○	○	
7	中轧	○			○	
8	切边	○	○	○	○	○
9	精轧	○	○	○	○	○
10	脱脂、刷洗					○
11	成品退火	○	○	○	○	○
12	剪切、检查、取样	○	○	○	○	○
13	包装	○	○	○	○	○
14	发运	○	○	○	○	○

直接影响后面带材的成品质量。新技术的特点是：熔化炉和保温炉处于同一炉体中，仅在两炉中间加一隔墙，隔墙下部有两炉相通的通道，以潜流方式向铸造机补充金属液，避免了金属液在高温状态暴露在空气中及倾铸时落差产生的冲击等不利因素，使吸气量得到严格控制。不过该生产方式中，稳定连铸工艺是保证产品质量的技术关键。如何提高劳动生产率仍是确定是否能推广的前提。

另外，在加工过程中，除尺寸精度、板形、表面质量及边部质量要严格控制外，还要求控制好带材的内部组织才能保证电缆带在成形、焊接过程中顺利进行，因此大部分企业均选择一次中间退火，但也有的企业为减少工序，而取消中间退火，这对要求高的铜包铝电缆带是不合适的。因它会由于材料内部的织构组合不佳，导致后面工序拉引变形时出现裂纹（尤其是细线）。所以流程选择是否合理直接影响产品质量的好坏。

（3）在连接器上用的电子接插件。电子接插件大部分选用精密铜及铜合金带生产，其生产工艺流程结合到已述的品种中，在此不另举例说明。

连接器市场结构正发生急剧变化，计算机外设和通信设备已成为连接器最大市场，存储卡连接器的需求急剧升温。铜合金在连接器上的应用主要是作为接插件的基体材料（导电材料）及弹性材料。制作电子接插件用的铜合金品种发展迅速，过去一直使用黄铜（如 C2680）、锡磷青铜（如 C5191、C5210 等）、锌白铜（如 C7701、C7520 等），近年来又发展了铁青铜（如 C19400 等）、白铜（如 C7025）、铬青铜（如 Cu-Cr-Zr 合金）及锡黄铜（如 C4220、C4250 等）、铍青铜（C1720、C1730、C1740 等）及钛铜等。

根据使用要求，可分为三大类：

1）低成本弹性材料，如 C26800 用于生产低档次的接插件。

2）中间强度弹性材料，如锡磷青铜、锌白铜等，近来注重成本特性，利用析出硬化的新合金，如铁青铜及 Cu-Ni-Si 合金、Cu-Cr-Zr 合金等，这类合金具有高的强度、导电性、应力松弛性、弯曲性，如图 6-1 所示。

3）高强度弹性材料，大多用于要求高可靠性的电子接插件，如铍青铜及钛铜等，其抗拉强度超过 900MPa，是接插件中价格最高的一类，也是使用量较小的。

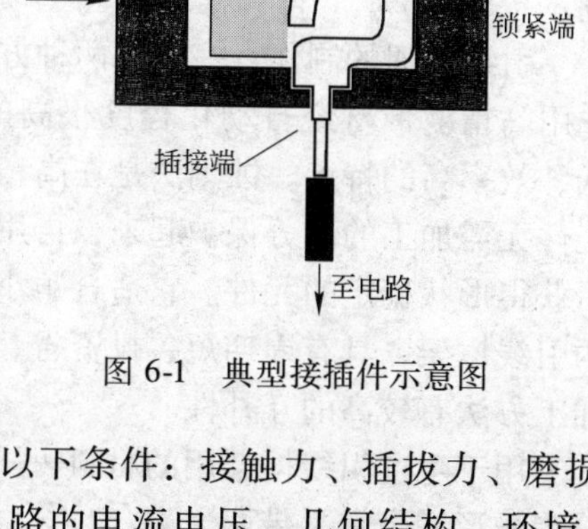

图 6-1 典型接插件示意图

随着电子工业的发展，对接插件的技术要求也越来越高，选择哪种铜合金要考虑使用时的以下条件：接触力、插拔力、磨损周期、插合擦拭、擦拭距离、电路的电流电压、几何结构、环境、预期寿命及成本等。从电、机性能的要求，主要表现在以下两方面：

一是冲压加工时良好的弯曲性能（弯曲表面皱折小）；随着机器的轻薄短小化，材料的弯曲性成为关注的课题，其中材料的强度与延伸的平衡关系成为关键。在定量评价材料的弯曲性时，注意弯曲部位的延性断裂宽度与弯曲部位表面粗糙度的关系，即表面粗糙度越大，延性断裂宽度也越大，材料的弯曲性就差。

二是接触稳定性好（要保持稳定的接触压力），即有高的屈服强度、弹性极限及弹性模量（材料内部的弹性要均匀）；同时在长期工作中，接触部位的耐应力松弛性要高，因接插件在较高温度下使用，使用时间又长，所以该特性必须充分考虑。影响应力松弛特性的材料因素有晶粒度直径、加工率或有无残余应力等，而使用环境因素有负荷应力、温度等。

材料的应力松弛性反映在使用环境（包括有好的耐蚀性）中材料的弹性变形随塑性变形变化的材料蠕变现象，当出现蠕变，接插件接触部位的接触电压减少，接触电阻必会增加，会影响正常工作。当然材料的电导率也必须保证，否则影响接插件的导电性能。

(4) 引线框架材料。引线框架是集成电路产品的重要组成部分，它的主要功能是为芯片提供机械支撑，并作为导电介质连接集成电路外部的电路，传递电信号；与封装材料一起向外散发热量。

引线框架的制作，一般有两种方式：冲压法、蚀刻法。冲压法是选用高精度带材经自动化程度很高的高速冲床冲制而成，具有成本低、效率高的特点。蚀刻法是在高精度带材上通过一种感光抗蚀剂将工件无需加工的部分保护起来，再用强氧化剂将其他部分刻蚀掉，最后获得形状稳定的元件。它适合于小批量、多品种、多引线、小间距的引线框架，具有周期短、投资省、精度高、一致性好的特点。两种加工方法有较高的互补性。

用于生产引线框架用的材料——铜及铜合金精密带材，按形状可分为异形铜带和平带两大类：

1）异形铜带即横断面为变断面，主要用于制作大、中功率塑封晶体管的引线框架及电气触头、端子等，这些元器件广泛用于彩色电视机、收录机以及电控系统中，20 世纪 80 年代主要生产国家有日本、美国、德国及法国，我国也有个别工厂采用直条式简易压延法进行小规模的生产，20 世纪 80 年代后通过引进，已形成规模生产。现举例说明国外公司异形铜带的产品形状、规格、用途，见表 6-3。

表 6-3 产品形状、尺寸精度、生产方式

生产厂家（公司）	材 料	产品形状及公差/mm	生产方式	主要用途
日本日立产业公司	C_{194}	 宽度：最大 $100^{\pm 0.1}$ 最小 $15^{\pm 0.075}$ 厚度：厚部分 $0.3\sim2.0^{\pm 0.02}$ 薄部分 $0.7\sim0.6^{\pm 0.02}$		功率装置用引线框架
日本日立电线公司	C_{194}	 全宽：$68^{-0.2,+0.1}$ 薄宽：$40^{\pm 0.05}$ 厚部分：$1.27^{\pm 0.015}$ 薄部分：$0.38^{\pm 0.015}$	轧制	功率装置用引线框架
前西德 INOVAN公司	双金属和铁镍合金	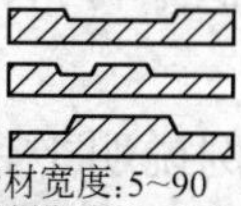 带材宽度：5~90 铣削宽度：5~25 铣削最大深度：1.5 铣削台阶：$66^{\pm 0.01}$ 铣削深度：R_a(μm)	专用台阶或铣床	连接器、接插件等
前西德 Hcracus公司	Cu CuSn CuBe CaNiSn CuZn等	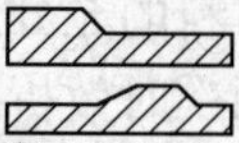 宽度：±0.1(±0.05) 厚度：±0.015(±0.008) (　)内特殊要求	机械加工	连接器、安装件等
美国奥林黄铜公司	CDA260 CDA110 CSA194	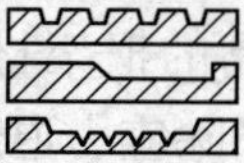 厚度公差：小于±0.0254	拉刮－液压拉伸组合	电气、电子触头端子、接线柱、磁线连接器、引线框架等
法国格里赛公司	C_{194}	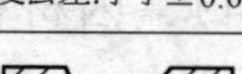 宽度：±0.2～0.5 厚度：±0.03～0.0075	锤压－轧制组合	引线框架

2）平带是引线框架材料的主要产品，品种繁多，到目前为止工业发达国家已公开发表的此用途的铜合金已有70多种。根据用途可分为两种，一种生产半导体的分立器件，以普通二、三极管为主，同时在片式器件（SMD）、新型电力电子器件及光电器件（如LED、激光器）等方面也成为新的增长点；一种生产IC集成电路，从发展趋势看，随集成电路向小型化、薄、轻、便携式方向发展，框架用材料的体积、厚度都在减小，因此要求材料品种要更新快、开发快、形成生产能力快，否则就跟不上市场的需求。用作引线框架材料的铜合金主要分四类，即Cu-Fe-P系、Cu-Sn系、Cu-Ni-Si系、Cu-Cr-Zr系。它们均为析出强化型合金。近年由于铜原料价格上涨，使部分框架材料用C26800代替，该品种主要用于生产要求不高的玩具等行业上。从目前引线框架材料市场预测，高档次的框架材料中，C19400及C70250的用量逐步增多；而C19210大多用于生产分立器件，在IC集成电路生产中用量很少，该品种是“日本神户制钢会社”最早开发的，与C19400相比，电导率高，与C12200比，材料的力学性能及软化温度均高于它，因仍受材料本身性能的限制（如材料的强度等），不便用于生产薄规格的引线框架材料，而适合于生产要求电导率高、强度为中等的分立器件上。

下面以Cu-Fe系的C19400为例说明平带引线框架材料的生产工艺流程，如表6-4所示。

从表6-4可看出，该品种工艺流程的共同特点是：带坯在热轧轧终后均需进行快速冷却，以保证材料的充分固溶。不同的是，为保证较高的导电性能，有的公司选用两次时效析出退火的工艺，如日本及德国某公司。针对产品的表面质量及消除材料内应力，各公司选用不同的工序来保证，如中国台湾某公司在中间退火工序后增加了刷刮及酸洗工序。另外，对档次要求较高的框架材料C19400，大部分公司在成品脱脂后均通过拉伸矫直及消除应力退火两道工序来减轻或消除材料的内应力（尤其是日本的公司），因材料内部应力的残留对后道工序的冲制质量影响极大。因此，为解决好该问题，各国在此方面均进行了大量的研究。

表 6-4　引线框架材料生产工艺流程（C19400 SH 0.254mm×52.3mm）

序号	工序名称	中国台湾某公司	日本某公司	韩国某公司	德国某公司	美国某公司
1	熔铸	○	○	○	○	○
2	加热	○	○	○	○	○
3	热轧	○ $	○ $	○ $	○ $	○ $
4	铣面	○ ※	○	○	○	○
5	初轧	○	○	○	○	○
6	切边	○	○	○	○	○
7	中间退火	○	○	○	○	○
8	酸洗（先刷刮的以□表示）	□		○		○
9	中轧	○	○		○	
10	中间退火	○	○		○	
11	预精轧	○	○	○	○	○
12	预精轧退火	○	○	○	○	○
13	成品轧制	○	○	○	○	○
14	脱脂	○	○	○	○	○
15	抛光	○		○	○	○
16	拉伸矫直	○	○	○	○	○
17	消除应力退火	○	○	○	○	○
18	剪切	○	○	○	○	○
19	检查、取样	○	○	○	○	○
20	包装	○	○	○	○	○
21	发运	○	○	○	○	○

注：※指在热轧尾部进行在线铣面；$ 指带坯在热轧轧终进行快速冷却。

6.4　主要工序的工艺参数选择

6.4.1　加热工序

当选用前面“6.2.1”节所述的（1）、（2）两种生产方式时，加热工序是必不可少的。因需要它提供铸锭热轧时的高温塑性，以降低材料的变形抗力，消除铸造应力，改善合金的组织状态与性能，并使材料获得最佳的变形量，以节约能源。该工序的主要工艺参数为加热温度及温度的均匀性、加热时间、加热炉内气氛的控制、炉子的热效率及加热炉综合的运行成本等。

(1) 确定加热温度。铜及铜合金锭坯的加热温度取决于材料的化学成分、特性、铸造方法（因它直接影响铸锭的内部组织）、高温塑性、铸锭尺寸、设备条件等。一般按以下规律选择。

1）根据化学成分及合金特性确定加热温度的上限（即比合金的熔点低 100～200℃），相当于合金熔点的 80%～90%。当然还要考虑该品种是否有低熔点相，若有必须根据低熔点相的数量、形态、分布及偏析情况选择。

2）根据合金的高温塑性图，确定热轧塑性区范围。一般加热温度取塑性区范围的上限，而轧终温度选塑性区的下限。因锭温过高，容易出现晶粒粗大或晶间低熔点相熔化，而导致锭坯过烧或过热；锭温过低，会使材料的变形抗力急剧增高，轧制压力显著增大，易损坏设备，同时可能产生裂边及轧后轧件偏硬的现象，使后面工序难以进行。但对特殊品种，如部分框架材料及高强度的弹性材料（铍青铜、锆铜等）对开轧、轧终温度有严格要求（因必需保证材料的充分固溶，随后材料的时效性能才能保证），否则保证不了成品的性能。尤其是热轧塑性区范围较窄的合金，加热温度要控制准确而均匀，应在进入脆性区之前结束。

3）对于完全固溶状态的合金，随温度降低通常不出现固态相变，终轧温度一般控制在合金熔点的 60%～70%，不超出热轧所要求的塑性与变形抗力。对热轧时随温度下降出现固态相变的合金，则根据相变后对坯料性能的影响考虑，从避免不均匀变形和残余应力出发，变形过程一般不宜出现相变。如 C26800 合金，在常温时属单相 α 黄铜，当锭坯加热到热轧开轧温度时，处于 β 相组织范围，热轧过程随温度下降会出现 $\beta\rightarrow(\alpha+\beta)$ 相的相变，其相变温度随铜含量的不同而有差异。由于 α 相、β 相各属两种不同的晶体结构，它们具有不同的变形机构、不同的滑移方向。若由 $\beta\rightarrow(\alpha+\beta)$ 相转化时必出现体积的变化，而产生相变应力，同时高温下 β 相较 α 相抗拉强度低、塑性好；而低温时 β 相又较 α 相抗拉强度高、塑性差，如图 6-2 所示，要使 C26800 黄铜获得易控制的高温塑性，必须严格控制 β 相在合金中的体积含量。经大量试验证明，只有 β 相的体积含量大于 20% 时，才能保证其高温塑性。因此为防止 C26800 黄铜扁锭热轧时开裂，除严格控制有害物质外，必须严格控制热轧过程β相的体积含量。该量的控制除通过加热（温度范围较窄，在合金允许的情况下选上限，一般870℃加热，时间还必须严格控制，不允许焖炉）、热轧工艺（在允许条件下选择少道次，以较快轧速的生产方式来保证较高的终轧温度，减少热裂）外，还可通过在该合金中添加微量元素来改变α相与β相的体积含量比例及β相的形状来实现。

由图6-2看出，相组织与高温塑性是密切相关的。

4）从表面质量考虑，加热温度过高会加剧易氧化合金的氧化及脱锌。为此，在允许的情况下可适当降低加热温度，并控制好炉内气氛。

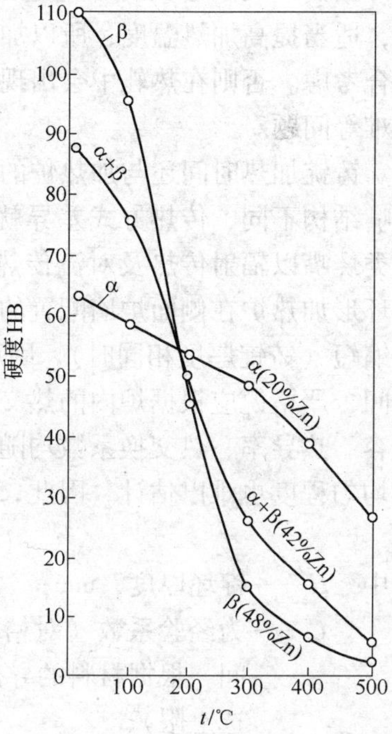

图6-2 温度与α、β相间的关系

5）根据炉型结构、烧嘴结构及燃料种类不同，加热温度的选择也有一定差异，对炉子易实现温度、气氛闭环控制者，一般加热温度可向偏上限选，因有利于降低热轧机的负荷，提高综合的生产效率。

（2）确定加热时间。加热时间通常包括升温及均热时间，确定加热时间应考虑合金本性（包括导热性及热容）、锭坯尺寸、加热炉的结构、热源及传热方式、装料方式等因素。

加热锭坯时，要求加热温度均匀，锭坯各部分的温差不允许超过±5℃。在保证料温均匀烧透的前提下，加热时间愈短愈好。当然，除部分合金因铸锭铸造时应力或偏析较大，铸造组织不均匀或因加热过快易产生热裂的低塑性合金，需延长加热时间。而对于导热性能较好的铜及铜合金，可快速加热以减轻表面氧化，防止过热、过烧及晶粒粗大，并降低烧损，节省热能消耗，提高加热炉的生产效率。

当锭坯尺寸增大时，应适当延长加热时间，或在合金塑性区范围，适当提高加热温度，所以加热时间必须与加热温度、合金的特性综合考虑。否则在热轧中会出现裂纹、波浪、跑偏、厚薄不均、咬入困难等问题。

铸锭加热时间还与加热炉的结构、热源及传热方式直接有关，如烧嘴结构不同，传热方式差异就会很大。炉顶顶部配置的平焰烧嘴，此类烧嘴以辐射传热及对流传热为主，传热速度快，加热均匀性好，与环形加热炉在侧面炉墙配置的直射式混合烧嘴相比，铸锭加热时间可缩短（铸锭厚度相同时），因后者以辐射传热为主。如何确定加热时间，严格说应根据炉内的热交换条件进行计算后确定，但因合金的热容、热导率、热交换系数均随温度而变化，同时锭坯内外层温度的不均匀程度也难以估计，因此，现场一般采用经验公式6-1估算：

$$\tau = CH \tag{6-1}$$

式中 H——锭坯厚度，mm；

C——为经验系数（对精密铜带的材料，一般取0.1~0.28之间，根据材料的导热性能选择，性能好的选下限，差的选上限）。

如法国某铜加工厂，框架材料的锭坯采用感应式加热炉加热（铸锭规格：210mm×400mm×7000mm，在炉内沿宽向立式放置），并通保护性气体，这样使锭坯加热时的氧化损失明显减轻，加热时间也可缩短，锭坯的加热质量得到提高，但生产成本有所上升。它适于质量要求高而产量较低的厂家。

常用铜及铜合金锭坯的加热制度如表6-5所示。

表6-5 常用铜及铜合金锭坯的加热制度

序 号	品 种	铸锭规格/mm			加热温度/℃	加热时间/h
		厚 度	宽 度	长 度		
1	C10200	150~230	300~1300	2.4~8.0	800~900	2.5~3.5
2	C10500	150~230	300~1050	2.4~8.0	800~900	2.5~3.5
3	C11000	110~250	300~1300	2.4~8.0	800~900	2.5~3.5
4	C19210	140~230	400~750	2.4~8.0	870~920	3.0~4.0
5	C26000	120~210	300~750	2.4~6.0	850~880	2.5~3.5

续表 6-5

序号	品种	铸锭规格/mm			加热温度/℃	加热时间/h
		厚度	宽度	长度		
6	C26800	120~210	400~1250	2.4~6.0	830~870	2.5~3.5
7	C22000	110~170	300~620	2.4~4.8	860~920	3.0~3.5
8	C42200	120~170	300~620	1.0~4.8	850~930	2.5~3.5
9	C19400	120~210	400~750	2.4~8.0	870~970	3.0~4.5

（3）加热炉内气氛的控制。加热炉内的气氛主要根据炉内气氛的性质与合金相互作用的特征，同时，考虑炉内气氛中某些成分和杂质对合金的有害影响，如加热铜材时，燃料中的硫含量必须严格控制，因铜中渗硫时生成的 Cu_2O 及 Cu_2S 使合金的塑性明显下降，在晶界上阻碍再结晶而削弱晶界；当铜在氧化性气氛加热时，硫会促使氧优先向晶界渗透，使硫化物氧化导致热轧开裂。另外，对含镍高的铜合金或镍合金更需严格控制硫含量，硫对镍的有害作用可用式 6-2 表示：

$$7Ni + 2SO_2 \longrightarrow Ni_3S_2 + 4NiO \qquad (6\text{-}2)$$

又如无氧铜带的生产中，铸锭加热气氛的控制尤为关键，若在氧化性气氛中工作，会出现渗氧现象，使加热铸锭表面的含氧量增加。同时氧化损失加大，如某厂将铜及铜合金锭坯在火焰加热炉内加热，测定加热后锭坯的氧化损失，结果如下：紫铜的氧化皮厚度约为 0.25~0.37mm，烧损值为 0.1%~0.3%；黄铜的氧化皮厚度约为 0.15~0.18mm，烧损值为 0.04%~0.10%。另外，含氧量的高低及渗氧层深度与加热温度、加热时间及炉内气氛也直接有关，这方面某公司曾试验，由国外进口的无氧铜铸锭，含氧量在 $2\times10^{-4}\%$ 及以下，经加热、热轧后含氧量达 $(5\sim7)\times10^{-4}\%$ 左右（在氧化性气氛中工作），渗氧层深度达 0.3mm 左右。当然在后续的铣面工序可将其渗氧层铣去，不会影响成品的产品质量。但影响铣刀使用寿命，产品的表面质量及综合成品率。

对于铜及铜合金精密带材生产时，理想的加热气氛一般选用中性气氛或微氧化性、微还原性气氛（对锭内含氧量高的紫铜，该气氛不适用，应选用微氧化性，因氢与氧化亚铜作用容易产生“氢气病”，即氢在高温下扩散进入金属中并使氧还原，在晶界上形成水气导致晶界疏松及热轧时脆裂）。

控制炉内气氛通常采用调节空气和燃料的比例，不同热值的燃料，其比值差异很大。随着科学技术的发展，检测方法（如在加热及均热区或废气中检测氧含量，根据含量大小进行气氛调节）的完善，现在在加热炉上已能根据加热合金温度及气氛的要求，实现空燃比的自动调节以达到气氛的有效控制。

（4）加热炉热效率的控制。热效率是考核加热炉的重要指标之一，因它体现出节能的效果。当今世界能源不足已成为日益严重的问题，尤其我国是能源缺乏的国家，要使国家经济持续增长，提高热效率已成为炉子设计时不可忽略的课题。当然热效率的高低与炉子结构的选型（包括装料、出料方式）。热源的选择及利用程度等均有直接关系。因此，热效率不但在主观上受到设计水准的影响，客观方面受到燃料、燃烧器、耐火材料等的限制，同时在一定程度上还取决于生产工艺和装机水平的先进与否。在精密铜带生产中，铜及铜合金铸锭的加热，对目前大锭（指锭重不小于2t以上）一般选用步进式加热炉。该炉型分两大类：一类步进梁式加热炉，烧嘴在步进梁上、下分布，烧嘴选用高速、长焰式的或蓄热式烧嘴，为保证出炉时温度均匀，也有设计师在均热区顶部配置平焰烧嘴；一类步进底式加热炉，烧嘴主要分布在炉顶，即在炉顶顶部配置空燃比自动调节的平焰烧嘴，在该类炉子上选用了以下技术：

1）采用平焰烧嘴，这类烧嘴的优点是燃烧充分、稳定，燃气在烧嘴出口接近炉墙处完全燃烧，火焰厚度达100mm左右，形成1.5m左右的圆盘火焰，火焰不会与锭坯直接接触，炉顶温度均匀、烟气流速稳定、炉压也较稳定，为实现最佳化控制提供了有利条件，使锭坯加热温度均匀，不易产生局部过热。但它适合于连续生产，若不能连续生产，就应在600℃保温，并保持一定的风量，以防烧嘴损坏。

2）空气及燃气预热，安装余热回收装置，利用烟气预热燃气及助燃空气，使煤气预热到350℃以上（对燃料热值（标态）大于12558kJ/m^3（3000kcal/m^3）的可不预热），助燃空气预热到450℃以上，排出的烟气温度在300℃以下（指热值（标态）为5233kJ/m³（1250kcal/m³），又在前述的两种气体经预热后），余热回收率可达到60%以上，使热效率从老式加热炉的15%～30%提高到60%以上；随着科学技术的发展，一项运用蓄热式烧嘴、汽化式换热装置的新技术被某公司推出，并运用到铜锭的步进式加热炉上，它可使排出的废气温度降到150℃左右，同时不需安装烟囱，炉子的热效率可提高到65%以上。只是投资成本较高，更适于燃料热值低的炉子上选用，当然在钢锭的加热装备上用的较广泛，因从节能的角度看是合理的。

3）炉衬采用耐热陶瓷纤维，它具有耐高温、热导率低、体积质量轻、热容小、抗热震性及力学性能好等优点，可节省能源、提高热效率、减轻设备重量有利于生产。陶瓷纤维的安装一般为平贴，用螺丝固定。新的安装方式可采用预制块压成所需形状，有的可在块表层加耐火胶固化，用螺丝固定在炉外壳钢板上。当然，这类陶瓷纤维工作时间长会出现掉渣现象。为避免该现象的出现，目前已开发出一种新技术，即在陶瓷纤维表面喷上一层耐高温的涂料，经使用效果不错。

4）铸锭在装料、出料方式上，选用侧进、侧出要比端进、端出提高热效率约0.7%，因炉门尺寸减小，通过炉门的热损失可明显减少。当然采用侧进、侧出在入口、出口辊道的设备设计及选材上均提出新课题，即必须选择悬臂辊道的形式，为防止辊道受热变形，还需考虑辊道内的水冷措施，结构上肯定比端进、端出复杂，但对加热厚而窄的长锭，被加热铸锭的温度均匀性又要求高的，是值得的。

5）在检测仪表、自动控制方面新技术得到广泛应用，如铸锭规格（长、宽、厚）的测量、重量、炉内炉压、炉温、料温、空燃比及气氛均可准确测量及显示，同时部分参数可实现闭环控制，如炉压、炉温、空燃比及气氛等，为严格控制铸锭质量起到至关重要的作用。

6.4.2　热轧工序

热轧工序与加热工序的工艺参数与产品质量密切相关，所以必需结合起来讨论。该工序对锭坯的要求及热轧工序所需控制的主要工艺参数等从以下几方面来讨论。

6.4.2.1 对轧制用锭坯的质量要求

(1) 锭坯的化学成分必须符合标准规定，另外工厂内部规定的化学成分范围一般比产品标准规定的更严，根据用户要求确定。

(2) 锭坯尺寸及偏差应满足工艺要求，因锭坯的厚薄明显不均时，轧制时会使不均匀变形程度加剧。锭坯宽度偏差过大时，会增加边部的损失，具体要求根据企业内部标准控制。

(3) 锭坯表面质量。表面缺陷应严格控制，如冷隔、夹渣、流爪（由于铸造过程中漏铜而在锭表面形成的凝瘤）、裂纹（有横向裂纹——铸锭通过结晶器时，锭表面受到的摩擦阻力大于铸锭表面的强度；纵向裂纹——铸锭表面局部温度过高，该局部表面抗拉强度会低于其他部位的抗拉强度，使温度最高点成了形成裂纹的条件）等。

对优质的锭坯表面，应无冷隔、夹渣、流爪、裂纹、气泡及偏析等缺陷存在。若出现轻微、局部的表面缺陷允许进行修理，修理坑的表面应光滑，并向铸锭表面圆滑过渡，不得出现锐角及陡棱。局部修理坑的深度不得超过 3mm，长、深比应大于 6，宽、深比要大于 4，修理方向要求与轧制方向一致。

(4) 锭坯内部质量。没有缩孔（由于凝固收缩而在铸锭中留下的宏观孔洞，一般出现在铸锭的浇口部位，称为集中缩孔，应锯去）、疏松（由于凝固收缩而在铸锭中留下的微观孔洞，它的存在将导致铸锭密度和机械强度降低）、气孔（内部气孔——因熔体中含气量多，它来自熔炼及铸造过程中；皮下气孔——由于铸造过程中从铸锭与结晶器壁之间的缝隙中返水所致，有时这种气孔直通铸锭表面）、夹渣（宏观夹渣——铸锭内部含有熔渣、金属氧化物或覆盖物等外来异物；显微夹渣——在内部以游离状态或与基体金属结合成化合物状态存在，也可能是多种杂质的结合体形式存在）、偏析（是化学成分的分布不均匀现象，凡铸锭表面及表层中某些低熔点合金元素含量高于平均含量，即称反偏析，在 C51910 及 C52100 等锡磷青铜系列品种上较典型）及裂纹（共分三类：中心裂纹——在铸锭中心部位附近发生的宏观裂纹；晶间裂纹——存在于铸锭内部晶界的微小裂纹；劈裂——因热应力及残余热应力引起的铸锭碎裂，这与合金自身性质有关，同时与铸造条件有关）等缺陷，少量的内部缺陷可通过金相检验确定，但不能影响轧制产品的质量。

6.4.2.2　压下道次的分配

热轧时的总加工率及各道次的加工率，如何决定取决于多种因素，材料本身的高温性能、铸锭的尺寸、开轧温度、终轧厚度及终轧温度的要求、轧机类型（二辊或四辊、可逆或非可逆以及辊系尺寸的大小等）、设备能力（包括轧制压力、主机功率、压下装置的能力及辅助设备的能力等）等，关键要满足优质、高产、低消耗的要求，在合金塑性及设备能力允许的条件下，产品质量得到保证时，尽量采用大加工率及尽可能少的轧制道次。

在现代化的热轧机上，压下道次的分配都是通过计算机程序（LEVELⅡ）来完成，无需通过人工进行每道次的给定操作，这样一来可减少人为的误操作，而且有利于稳定热轧工艺。当然计算机程序也是通过技术人员在总结生产经验的基础上，经过严格计算而编制出来的。在确定锭坯及终轧厚度后，考虑合金品种、锭坯质量、加热情况、设备条件及产品质量等。当然在前面几个道次还要考虑轧辊直径、轧辊及锭坯的表面状况以及润滑条件，必须保证锭坯的咬入顺利。顺利咬入的基本条件是：

（1）咬入角 $\alpha \leqslant \beta$（摩擦角）。

（2）而道次最大压下量必须保证：

$$\Delta h_{max} \leqslant (1 - \cos\beta) D \tag{6-3}$$

式中　D——工作辊的轧辊直径，mm；

β——摩擦角，(°)。

同时，在开始轧制阶段，为便于不均匀的柱状晶和等轴晶的铸造组织转变为塑性较好适用于加工的组织，道次加工率及轧速不宜过大。当然在锭坯较厚，开始热轧温度较高时，因轧件在变形区中大部分为粘着区，外摩擦系数较大，轧件断面上变形很不均匀，轧件中间层不变形或变形很小，使轧件表面出现过大的拉应力而产生表面裂纹，中心层不变形又会引起沿锭坯中心弱面“张口”甚至于“缠辊”。为使锭坯内外变形均匀，除了采用擦辊、润滑等措施减小接触面摩擦外，在锭坯组织允许的情况下，应适当增大压下量，采用低速轧制，使变形深入轧件内层。在轧制的中间阶段，此时铸造组织已逐步转变为加工组织，轧件温度有所降低，塑性较好而变形抗力不高，这时在设备能力允许的情况下，选用大压下量充分利用轧件的高温塑性，并增大轧速。轧制的最后几道次，因温降快，材料的变形抗力增大，一般采用提高轧速，减小道次加工率的方法来保证热轧带坯的综合质量。

同时，在现代化的热轧机上，轧制某些对终轧温度要求高的产品，如框架材料等，它必需在一定的终轧温度下进行快速冷却，以实现材料的充分固溶，保证最终产品的物理及力学性能，往往用增大主机功率，减少轧制道次的方法来完成。

精密铜带带坯热轧时采用的最大道次加工率及道次平均加工率如表 6-6 所示。

表 6-6　精密铜带带坯热轧时最大道次加工率及道次平均加工率

序号	品种	锭坯宽度/mm	最大道次加工率/%	道次平均加工率/%
1	两相黄铜（C28000、C27200、C27400 等）	<600	35 ~ 50	25 ~ 35
		>600	30 ~ 45	22 ~ 33
2	单相黄铜（如 C21000、C22000、C24000、C26800）	<600	30 ~ 45	22 ~ 32
		>600	25 ~ 40	18 ~ 28
3	紫铜（C10200、C11000、C10500 等）	<600	40 ~ 65	25 ~ 35
		>600	30 ~ 55	22 ~ 32
4	青铜（C19210、C19400 等）	<600	30 ~ 40	20 ~ 35
		>600	25 ~ 35	18 ~ 32
5	白铜（C7025、C71000、C71300、C71500 等）	<600	23 ~ 30	18 ~ 25
		>600	15 ~ 23	13 ~ 20

6.4.2.3　热轧时的温降

严格控制热轧时的温降直接关系到产品质量的好坏，当终轧温度太低，轧件塑性降低、变形抗力增高，必增加轧制道次，还会出现裂边及性能不均；终轧温度过高易出现粗大晶粒及严重氧化，也会恶化产品质量。

影响温降的因素很多，主要表现在以下几方面：

（1）轧件对周围介质的辐射、对流及接触轧辊、辊道时的热传导。当温度在700°C以上轧制时，以热辐射损失占主导地位。

（2）轧件表面积、重量及热轧时冷却水的压力和流量。

（3）轧制速度的快慢、轧制道次、每道次的间隔时间。

（4）锭坯热轧前的加热温度。

（5）热轧时，塑性变形所产生的变形热。

前面4个方面都会使轧件的温度下降，唯独第5条会使轧件温度升高，尤其是锭坯厚、加热温度高、道次加工率较大时，前1～3道次还会出现温度升高现象，如紫铜厚锭（210mm × 620mm × 4800mm），当加热温度在920℃以上时，在前两道次轧制后就出现温度升高约5～10℃的情况（在ϕ850mm的二辊可逆式轧机上进行，由于轧辊冷却水量较小、变形热较大所致）。一般情况是逐道次降温，其温降随轧件厚度减薄近似呈双曲线变化，我们曾现场实测某些品种，获得图6-3的曲线，从该曲线看出，主要温降在最后2～3个道次（轧件厚度小于30mm时），我们可利用双曲线方程算出各道次的

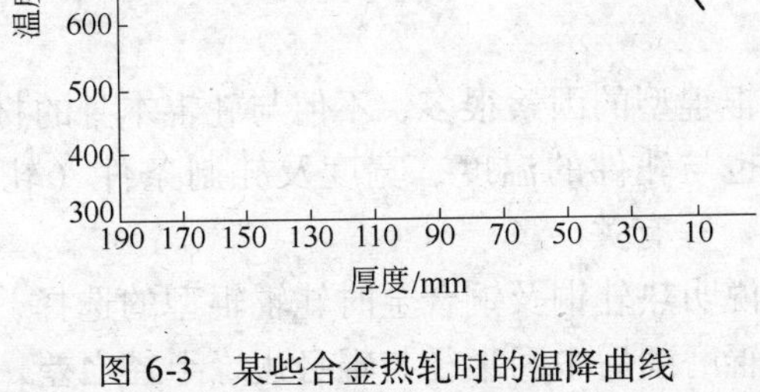

图6-3　某些合金热轧时的温降曲线

1—C19400；2—C26800

温度，其计算方法如下：

首先求出温降系数 ϕ：

$$\phi = (T_{\mathrm{H}} - T_{\mathrm{h}})(H \times h)/(H - h) \tag{6-4}$$

式中　T_{H}、T_{h}——热轧轧件开始温度和终轧温度，℃；

H、h——热轧开始的锭坯厚度和轧件终轧厚度，mm；

ϕ——温降系数，℃ · mm。

如已知第 n 道的厚度为 h_n，则第 n 道的轧件温度 T_n 按公式6-5 计算得出：

$$T_n = T_{\mathrm{H}} - \phi(H - h_n)/H \times h_n \tag{6-5}$$

式中　h_n——轧件第 n 道的厚度，mm。

从曲线看出，通过上式的理论计算曲线与实测曲线相近，当然若设备条件不同，有时差异也较大，该曲线仅供参考。

6.4.2.4　热轧轧辊辊型的选择与调整

轧件在轧制过程中，由于与轧辊间的热交换及产生变形热，使轧辊温度逐渐上升，而辊身中部的热量较辊身两端散热慢，使轧辊中部温度高于辊身两端的温度，沿辊身长度方向上出现热凸度，其辊身表面温度呈抛物线变化，为补偿轧辊在热轧时热膨胀对板形的影响，应将轧辊磨成一定的凹度，以抵消热膨胀凸度的影响，改善轧件宽度方向的厚度均匀性，而且有利于轧件咬入及减少轧件边部的拉应力。另一方面，热轧时轧辊在轧制压力作用下产生的弯曲挠度一般小于热凸度值，计算轧辊磨削时总的辊形凹度，通常为总热凸度与弯曲挠度值之差。

影响热轧辊辊型的因素很多，不但与轧辊本身的材质、尺寸、状态有关，而且也与轧件的温度、宽度及轧制条件（轧制速度、压下量、冷却润滑）等有关。

现举几例说明热轧铜及铜合金时轧辊辊型的选择，表6-7 中的辊形凹度均指轧辊磨削后中间半径与辊身边缘半径之差，并上、下辊均为凹度。

表 6-7 热轧铜及铜合金时轧辊辊型举例

轧辊尺寸/mm × mm	轧件尺寸/mm × mm	辊型凹度/mm
2ϕ850 × 1500	(6 ~ 210) × (330 ~ 1000)	−(0.25 ~ 0.35)
2ϕ750 × 1500	(6 ~ 150) × (600 ~ 750)	−(0.35 ~ 0.40)
2ϕ457 × 864	(4 ~ 80) × (190 ~ 700)	−(0.10 ~ 0.18)
2ϕ360 × 800	(5.5 ~ 100) × 600	−0.50

随生产技术的发展，当轧制条件变化时，可采取措施进行辊型调节，具体做法如下：

(1) 沿辊身长度分段配置冷却水管，根据轧件板形分段调节冷却水流量。

(2) 根据轧件板形调节道次压下量、轧制速度及采用相应的润滑措施等。

(3) 选用新的窜辊（CVC）技术，可使轧件板形调节范围明显扩大，该技术在 20 世纪 80 年代已广泛运用于现代化热轧钢带的连轧机上。国外部分公司已将该技术试用到铜及铜合金的热轧机上，只是投资较大而未被推广，若有条件的企业应运用该技术，对板形质量的提高是十分有利的。

(4) 热轧前对辊身进行预热，使辊温上升获得适当热膨胀，并可减轻因辊面的急冷急热而引起的辊面龟裂，尤其是使用新辊或设备停产三天以上者。预热方式有：采用蒸汽或煤气预热，或开始将几块加热后的小锭坯进行反复轧制（水量给小，但不能损伤辊面）。

(5) 为避免因上下辊的辊径差而导致轧件上翘或下钻，严重损害产品质量，也易导致设备故障。现已成功地采用上下辊分别传动的方式，通过计算机控制，实现上下辊线速度的同步，使轧辊使用寿命明显提高，设备的安全性也明显提高。

6.4.3 铣面工序

在铜及铜合金精密带材生产中，为了清除加热、热轧或连续铸造后带坯表面的氧化层、脱锌、压痕、表面裂纹、金属及非金属压入等缺陷，而设置该工序。它同时可起到使带坯的表面尺寸一致，消除表面伤痕等目的。过去采用酸洗加刷洗，但对热轧易氧化的带坯是难以洗净的，而且擦划伤明显，直接影响成品的表面质量。所以铣面工序已成为带坯生产中非常重要的一道工序，质量要求高的产品该工序是必不可少的。此工序质量若控制得好，不仅使成品质量得到明显提高，还能提高产品的成品率。当然若控制不严，也会给成品质量带来不应有的表面及板形缺陷。关键是选择最佳的装机水平、制造精度、铣刀质量及工艺参数。

该工序在20世纪80年代以前，许多工厂还采用单面铣（只铣下表面，铣削通过自重，容易抽吸走），铣完一面，翻180°再铣另一面，机列占地面积大、生产周期长。80年代中期后逐步改为双面铣，关键是攻克了将上表面的铣削抽吸走的技术，所以解决了单面铣存在的问题。双面铣的生产方式分在线铣面和离线铣面，在线内进行铣面的，如水平连铸生产线，将它设置在拉引与切头剪之间；热轧生产线将它设置在热轧尾部。其优点是可减少中间的辅助设备及占地面积；缺点是：处于有温下的切削，影响铣面及卷取质量，同时设备生产效率低，维修管理也不方便。随着技术的发展，对该工序质量要求越来越高，有的带坯还需进行二次铣面，加之生产效率也要求不断提高，逐渐选用离线铣面。这样便于充分发挥热轧及铣面工序的作用。

该工序需控制的主要工艺参数为：机列速度与铣刀转速的匹配；不同品种与每面铣削量的选择；铣刀螺旋线的条数与刀片前后角的配置；铣刀刀片材质的选择及固定刀片的方式也至关重要。现用刀片的材质主要有硬质合金钢及高速工具钢两种，对被铣材料表面硬度偏高者选用前者，否则选用后者；固定刀片的方式有嵌入式、焊接式、刀片与刀杆呈整体式三种。第一种用的较广泛，焊接式只是更换刀片不方便，但铣削质量较好。第三种是过去使用的老铣刀，已很少选用，因使用寿命短、成本高（刀体与刀片同时报废）。

要想获得好的铣面质量（尺寸均一、表面光滑、刀花的高低通过手摸感受不到，表面无粘削、无擦划伤、清洁、无污染），各工艺参数都需精细地选择、摸索，寻找到它们之间最佳的配搭。当然铣刀材质（应具有良好的切削性能、耐磨性、硬度及耐热性、耐冲击性能等）、铣刀本身的结构（直径、螺旋线的条数、断削槽开的部位及尺寸、前后角的设计等）、磨刀质量及冷却润滑液的选择也是至关重要的，加之整个生产线对材料运行过程稳定性的控制也直接影响铣削效果（如矫直效果、铣削时无震动等）。

根据铜及铜合金的切削特点，我们推荐以下工艺参数供选择：机列速度为4～20m/min，最佳范围应选择8～15m/min；铣刀转速为650～850r/min；每个刀刃的进给量一般为0.9～1.2mm；每面铣削深度为0.2～0.5mm；每边铣削深度为2～6mm。

铣面质量的好坏与铣刀磨削质量有直接关系，它又与铣刀磨床的强度、刚度及控制精度密切相关，尤其是分度精度及前、后角的磨削精度控制。

该工序产品最易出现的质量问题有以下三类：

（1）铣后带坯的横断面厚度不均，直接影响成品最终的横向厚度公差及板形。因该工序横断面的厚度差会一直成比例地延续到后面所有轧制工序轧后的轧件，是任何手段都纠正不了的，会恶化板形。这与铣刀磨后的圆柱度（要求不大于0.02mm）不在合格范围、铣床上控制铣刀两侧的压下不一致有关，这是不允许的，应严格控制同步，要求横断面厚度差不大于0.05mm。

（2）铣后带坯的纵向厚度不均，不仅直接影响后道工序的纵向尺寸精度，而且会降低该工序的成品率，要求纵向厚度差不大于±0.05mm。

（3）表面质量是该工序的关键，它的好坏直接影响成品的表面质量，因成品表面上的许多缺陷都来自该工序，所以严格控制该工序的表面质量至关重要。如铣后的表面粗糙度 R_a 应控制在3.2μm，否则到后道工序会造成小起刺、小擦划伤缺陷；铣后表面粘削，轧后出现小起皮，轧薄后严重时会形成孔洞或大起皮；铣后表面被氧化铜粉、油污等外来物所污染，会导致表面变色、脏物压入等缺陷。

铣后卷取要严防松卷导致的层间擦划伤，一般采取衬纸措施来解决。

为解决上述问题，已从优化装备配置入手，如在铣削设备入口、出口处均增设表面清刷装置，同时铣后的带卷选用衬纸、张力卷取等措施以提高铣后的表面质量。

6.4.4　冷轧工序

指材料在再结晶温度以下进行的轧制变形称为冷轧。无论用哪种生产方式，该工序都是不可少的。它可分初轧（将铣后的带坯冷轧至1.5mm以上）、中轧、预精轧（为控制成品性能压到预精轧厚度）、精轧（轧至成品厚度）、压光（对表面光洁度及平整度有特殊要求的产品）等方式。根据合金特性、产品用途及用户对质量的要求，在确定完合理的工艺流程后，才能选定经过哪些冷轧工序。该工序的主要工艺参数有以下几方面。

6.4.4.1　冷轧压下制度的确定

冷轧压下制度包括确定冷轧总加工率、道次加工率及根据产品性能要求控制精轧时的成品加工率。

（1）总加工率。总加工率指两次退火间的总加工率选择取决于合金特性（要充分发挥合金塑性，采用尽可能大的总加工率，以减少中间退火次数，提高劳动生产率）、产品质量、设备能力（保证主电机功率及轧制压力不超过额定负荷）。

（2）道次加工率。在冷轧总加工率确定后，即可确定道次加工率。对于初轧工序，开始道次轧件较厚，选用的道次加工率应保证轧件顺利咬入辊缝，而不出现轧件与轧辊间的打滑。因此应选用稍小的加工率，或采用强迫咬入的装置，使其轧件能顺利咬入。中间道次根据轧制压力及电机负荷进行较均衡而合理的分配。最后的1～2道次以产品质量为主，保证尺寸精度、板形、性能及表面质量（包括表面除油效果）。在此基础上，可适当提高轧制速度，以保证生产能力的提高。上述均指单机架可逆式轧机而言。

对于连轧机冷轧时的道次加工率分配，不仅要考虑上述条件，还必须保证各机架金属秒流量相等，各机架的压下分配必须与轧制速度、张力、辊型相协调，保证不出现轧件的拉断，也不出现活套及压折等故障。如某厂一台三机架连轧机（4ϕ400/1000mm×1000mm），对塑性好的合金，若总压下量大于2mm时，各机架的压下量按6∶3∶1分配；而对低塑性合金，总压下量小于2mm时，各机架的压下量按3∶2∶1分配；当由于某种原因出现秒流量不相等时，应及时调整轧制速度，调速大多以Ⅱ机架为基，调节Ⅰ架或Ⅲ架的轧制速度，以实现稳定轧制。现随着计算机软件技术的发展，连轧机冷轧时的道次加工率分配，以各架间张力恒定为基准，调节轧速，必要时微调压下。

（3）成品加工率。成品加工率指冷轧最后一次精轧的总加工率，主要取决于技术条件对产品性能的要求（不同品种、不同状态，产品性能要求不同），其次要考虑确保设备安全并提高生产效率。

当成品加工率确定后，还应合理分配精轧成品的各道次加工率，对精密铜带的成品轧制，应以产品质量为中心，保证产品的尺寸精度、性能、表面质量及板形质量，除某些产品对平直度及表面光洁度有特殊要求外，通常采取抛光轧辊进行压光及平整，并适当增加道次。

随着计算机软件技术发展，道次分配已无需人工给定，而是通过LeveⅡ级过程控制系统进行工艺参数的计算及轧制道次的编制，当然有些参数需结合生产实际进行修改，如因材料化学成分的变化、前面工序某些参数的变化或材料的屈服强度等的变化而影响轧件性能时，由此而带来工艺参数计算的变化（如轧制压力、扭矩、电机功率等），必导致道次分配的调整。这些都在设备调试阶段完成，若有新的品种需开发，可将该品种的主要工艺参数输入，计算机就可完成新的道次分配。若发现有的道次分配的不合理（影响产品质量），可进行人工干预或修改个别参数来保证产品的综合质量。

铜及铜合金精密带材冷轧时常采用的加工率控制范围如表6-8所示。

表6-8　铜及铜合金精密带材冷轧时常采用的加工率控制范围

品种	总加工率/%	成品加工率/%				备注
		S态	(H/2)、H/4态	H态	SH态	
C10200	>90	>90	约（20）	30~40		这三个品种的H/2、H/4也可通过退火控制性能
C10500	>90	>90	(25)~15	32~40		
C12200	>90	>90	(22)~15	30~50		

续表 6-8

品 种	总加工率/%	成品加工率/%				备 注
		S 态	(H/2)、H/4 态	H 态	SH 态	
C14500	70 ~ 95	>70		25 ~ 35	>38	
C17000	30 ~ 60	25 ~ 35		25 ~ 35	>40	
C19210	65 ~ 92	>65		30 ~ 40	>60	
C19400	60 ~ 90	>60		32 ~ 42	>65	
C26800	50 ~ 85	>50	10 ~ (15)	20 ~ 33		
C51910	40 ~ 85	>50		30 ~ 35		
C52100	40 ~ 75	>50		30 ~ 40		
C70250	50 ~ 85			45 ~ 55	60 ~ 80	

注：(　) 中的数据代表 H/2 态。

6.4.4.2 辊型的选择与调整

冷轧辊辊型的正确选择取决于：

(1) 辊系结构、轧辊尺寸、受力状态、轧辊的材质及辊面硬度。

(2) 轧制时的工艺参数，如道次压下量、轧制压力、带材张力、工艺润滑方式及冷却条件等；同时要考虑来料轧件的尺寸(如厚度、宽度）及纵横向的厚度差（尤其是横向厚差)；轧机本身的纵向、横向刚度大小，一般轧机自然刚度高者，辊型调节量可小些。

(3) 冷轧时因变形热及摩擦热影响辊温高低和分布的均匀程度。

由于轧辊在轧制压力的作用下，会产生弯曲挠度、弹性压扁及因辊身温度不均产生的热膨胀。过去为保证轧件的板形质量，往往将上工作辊磨成一定凸度（主要对四辊冷轧机而言)，辊型磨削凸度的大小可参考理论计算的公式选择，也可根据多年生产经验来确定，其计算公式为：

$$f = Y + Y_a - Y_c \qquad (6\text{-}6)$$

式中　f——磨削的辊型凸度值，mm；

Y——轧制力作用时的弯曲挠度，mm；

Y_a——轧辊的弹性压扁值，mm；

Y_c——辊身温度不均产生的热膨胀，mm。

其中弯曲挠度一般呈抛物线形的曲线，轧辊的弹性压扁是呈双曲线形，轧辊沿辊身长度方向的热膨胀曲线也呈抛物线形，其公式为：

$$Y_c = \alpha R \Delta t \tag{6-7}$$

$$Y_{cx} = \alpha R \Delta t [4(x/L)^2 - 1]$$

式中 Y_c——轧辊中部半径方向的热膨胀凸度，mm；

Y_{cx}——以轧辊中部为坐标原点距离为 x 处的热膨胀凸度，mm；

α——线膨胀系数，1/℃，钢辊为(11.3~13)×10^{-6}；

Δt——辊身中部与边部的温度差,℃；

R——轧辊半径，mm。

对于四辊轧机在 D(支承辊直径)/d(工作辊直径)>1.5时，弯曲力几乎全部由支承辊承受。所以四辊轧机的弯曲挠度计算主要考虑支承辊的弯曲挠度，它在辊型中占主要地位。其计算公式（多辊轧机由于弯曲挠度很小，可忽略不计）为：

$$Y = [P/6ED^4 \times \pi(12aL^2 - 7L^3)] + PL/2GD^2 \tag{6-8}$$

式中 P——轧制压力，kN；

D——支承辊直径，mm；

E、G——分别为支承辊的弹性模量、剪切模量，MPa；

a——支承辊两轴承受力点之间的距离，mm；

L——支承辊辊身长度，mm。

对于四辊及多辊轧机轧辊的弹性压扁值沿辊身分布是不均匀的，带宽与辊身长度相差愈大，不均匀性愈明显，准确计算难度较大，在此不作介绍。另对多辊轧机而言，工作辊与支承辊间的弹性压扁在辊型设计时占主要地位，它约为弯曲挠度的10倍以上，所以计算中必须考虑。其弹性压扁值与轧制压力的关系可参考图6-4所示（为某公司在试验室的二十辊轧机上的试验曲线，

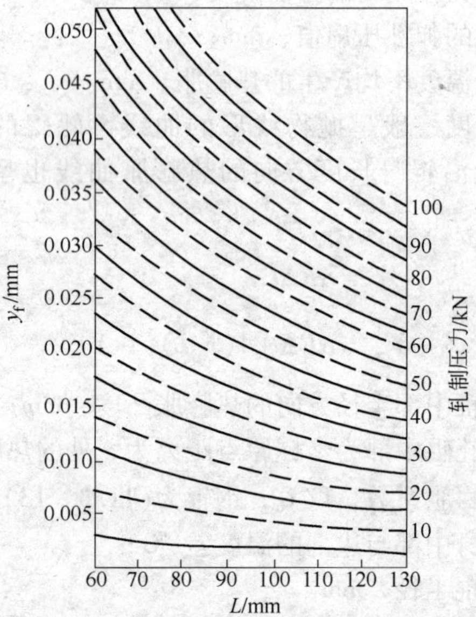

图 6-4　弹性压扁值与轧制压力的关系

图中左侧纵轴表示弹性压扁值）。

生产中辊型的调整，随着板形调节技术的发展，已向多样化、自动化及精确度高的方向发展，对精密铜带生产中板形控制手段愈趋先进。如在四辊轧机上已配置正、负弯辊系统，轧辊分段冷却系统，近几年又将轧辊轴向移动系统运用到四辊轧机的工作辊及多辊轧机的中间辊上。另外，德国的 SMS 公司在 1980 年开发了“凸度连续可调”技术，即将工作辊或中间辊（对多辊轧机如六辊轧机而言）辊面磨成 S 形，上下辊颠倒放置，以形成 S 形辊缝，通过轴向移动量的变化实现原始辊凸度连续调节，使板形调节范围扩大，不必因材料性能、宽度、道次加工率等的不同而调节原始辊凸度或弯辊力。此技术在较先进的钢带及铝带轧制中已被运用，如宝钢的热轧机及五机架冷连轧、七机架精轧机列等四辊轧机均用上该技术。在国外铜带轧制时，SMS 公司也将该技术运用到六辊轧机中间辊的轴向调节上。

6.4.5　热处理工序

在精密铜带生产中，热处理工序具有特别重要的意义，因它直接影响精密铜带质量的综合指标。该工序的目的要根据它在本工序所起的作用而决定，包括的内容有均匀化退火、中间退火、成品退火及消除应力退火，对某些品种还有淬火、时效等热处理方式，不同品种根据该品种的特性及用户对产品质量的要求选择不同的热处理方式。无论哪种热处理方式都要实现以下目标：保证铜带退火温度均匀，以获得产品性能的均匀一致；实现光亮退火，以获高质量的表面；降低消耗，节约能源，提高成品率及生产率。要达到上述目的，热处理设备的选择及工艺参数的控制格外重要，先讨论工艺参数及工艺参数的控制。

6.4.5.1　均匀化退火

目的是通过均匀化退火消除铸坯铸造过程带来的成分偏析，如锡磷青铜，由于该品种的液相线与固相线的垂直距离大（有的可达150～160℃），枝晶偏析严重，合金凝固时，铸锭中易出现锡含量外高内低的化学成分不均匀性，又称反偏析，严重时铸锭表面上常见到白色斑点（由δ相晶格构成，该相硬而脆，直接轧制会出现裂纹）。锡磷青铜反偏析程度与合金的铸造方法和工艺条件有关，由于锡磷青铜的偏析严重，所以在压力加工之前必须进行均匀化退火，以减少或消除枝晶偏析，形成α相的多边形组织，就可明显改善它的冷加工性能。

均匀化退火工序要控制的主要工艺参数有：退火温度、加热及保温时间、炉内气氛控制及吨产品的能源消耗量。

(1) 退火温度的选择。退火温度取决于合金的特性，均匀化退火过程，使锡扩散，偏析区锡含量降低，当在650℃均匀化退火时，可使δ相（Cu31Sn8）固溶，因此均匀化退火温度选在650℃以上。但也不宜过高，过高易出现卷层间的粘结、晶粒粗大。一般上限控制在730℃（如美国 Waterbury 公司选用纯氮、730℃的均匀化退火制度），具体规定要根据退火设备及气氛类型确定。图6-5、图6-6示出

图 6-5　铸造后的金相组织

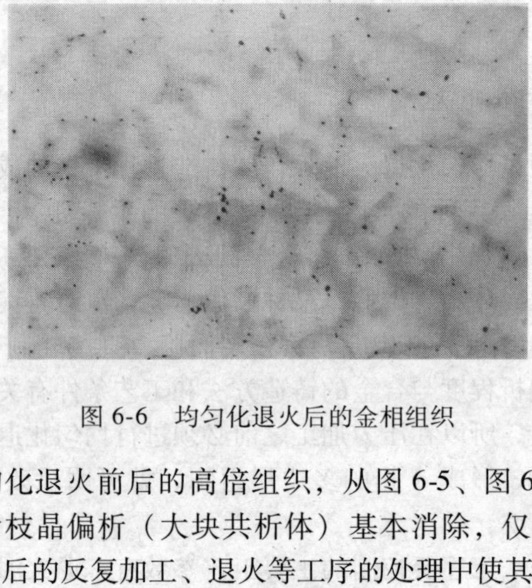

图 6-6　均匀化退火后的金相组织

了 C5191 均匀化退火前后的高倍组织，从图 6-5、图 6-6 可以看出，均匀化退火后枝晶偏析（大块共析体）基本消除，仅残留少量的 δ 相颗粒，在以后的反复加工、退火等工序的处理中使其完全消除，以获得塑性性能好、强度又高的弹性材料，而被广泛应用于电子接插件、电气仪器及仪表元件的制作中。

（2）退火时加热及保温时间的控制。这项工艺参数的选择取决于材料特性、设备结构、装炉方式及装炉量、保护性气体的种类等。在精密铜带生产中，该工序一般选用带强迫循环的罩式退火炉，采用成卷、成垛式的装炉方法。由于该方法易出现卷垛中心部位与表层温度有较大差异的问题，奥地利的 Ebner 公司在 20 世纪 70 年代开发了一项新技术，将高速循环风机配置在炉台上（过去曾配置在炉子内罩的上部，使气体易出现紊流，传热效果不好），传热方式从以辐射、传导为主变成以对流传热为主；传热系数比原来提高 20% 左右，退火时的加热及保温时间也明显缩短，其气流循环方式如图 6-7 所示。

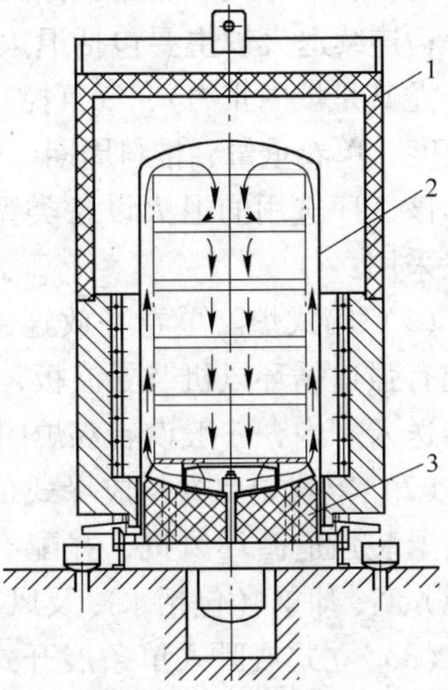

图 6-7 罩式退火炉的气流循环方式
1—加热罩；2—内罩；3—炉台

由于均匀化退火的带卷卷间间隔较大，有利于气流的循环，使卷材不同部位的温差减小，保温时间可缩短。但其中炉内选择哪类气氛对传热效率影响很大（该部分在专节中介绍）。另外，C5191 合金属水平连铸提供的铸坯，为减轻铸坯卷取时易出现的弯曲应力（它易带来应力裂纹），一般要求选用大内径（内径大于 800mm），所以气流循环阻力减小，也有利于对流传热。因为这类炉子的热传导效率与卷内径的大小直接有关。经奥地利的 Ebner 公司长期试验、测定，根据测试结果提供下列数据，ϕ600mm 内径的带卷热效率较 ϕ500mm 内径的带卷提高 15%（同等装炉量的条件下），生产能力可提高 17.65%，即可缩短退火时的保温时间。

6.4.5.2 中间退火

中间退火目的为消除加工过程带来的冷作硬化，提高合金塑性和降低其变形抗力，使冷轧时产生的纤维组织，经退火后变成等轴的再结晶组织，以便继续冷轧。

该工序控制的主要工艺参数，根据合金性质、加工硬化程度、退火要求、退火设备的结构及保护性气体的成分确定，不同炉型选用不同的工艺参数，差异很大，如罩式炉的退火制度中主要包括退火温度、装炉量及装炉方式、加热及保温时间、冷却时间及冷却方式、气氛控制等；连续退火炉主要包括退火温度、退火速度、喷嘴压力、各段张力（尤其是炉内张力）、气氛控制等；箱式炉的退火制度中主要包括退火温度、单卷重量、推料周期、风机转速及保护性气体的成分等。

该工序选用的退火设备类型较多，对卷重在6.0kg/mm以上者，一般采用：

（1）箱式炉。单卷平放连续式退火炉，有单膛、双膛两种，炉顶配有强迫循环风机及导流板，通过液压缸推动放有料卷的底盘，将带卷送入炉内，一般设有双炉门，以提高炉子的密封性能。

（2）罩式炉。卷材成垛式的装炉，带卷间用对流盘分开，炉台底座上装强迫循环风机，并配有加热罩（可选用燃料或电阻材料作热源）、冷却罩（包括水冷及风冷）及真空抽吸等配套设备。

（3）立式或卧式单条展开式连续退火炉（属快速加热方式）机列。其组成在后面专门的章节中介绍，在此不重复。

中间退火工序，在国外一般选用罩式炉或单条立式连续式退火炉，对大型铜加工厂选择后者的占多数，而国内仍以罩式炉的结构形式占多数。因后者的设备投资及运行成本均较前者高，但产品质量、生产效率也较前者高，如何选择应综合分析后再确定。

这三种不同结构形式的退火炉，工艺参数选择有共同点，但也有差异，现简介如下：

（1）退火温度。首先根据材料的再结晶温度选择，另外根据炉型结构，如上述的“箱式炉”、“罩式炉”炉型，为提高带卷的升温速度，炉温与料温温差较大，如图6-8所示，该曲线，装炉量21t，气氛为75%氮、25%氢，从图6-8看出，经4.5h的加热，带卷不同部位的温差仍很大，最上卷中部位置的温度最低，最下卷的外部温度最高，最低与最高温度之间差56℃，后面靠保温时间来缩小带卷间的温差。对于不同品种（导热性能不同）、不同装炉量、不同成分的保护性气体，温差都不同，对导热性能好（如紫铜）、装炉量少、氢气含量高的温差小，其中符合任何一项都可使保温时间缩短。从工艺上要求经保温后，每炉带卷任何部位的温差必须小于±5℃，以保证同炉带卷性能的均匀性。当然保温时间是有严格限制的，否则会影响生产能力。

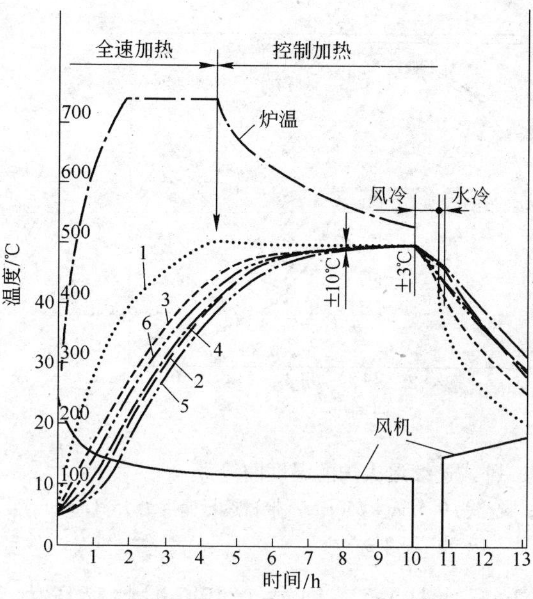

图 6-8 C26800 2.4mm 带卷在罩式炉的退火曲线

在这两类炉型选择退火温度时，为防止卷层间的粘结，除在退火前降低带卷张力外，一般还在退火时采用下限温度，适当延长保温时间的方式，获得产品的综合质量指标，尤其是紫铜类及锡磷青铜类的合金，该问题更需引起重视。

“立式或卧式单条展开式连续退火炉”为单条带材退火炉，与罩式炉相比，炉温高，退火时间短，属高温快速退火方式，根据带材厚度不同，在炉内（加热区）停留时间薄带仅几秒，厚带也只有一分多钟，同时料温不仅与炉温有关，而且与带材运行速度、强迫循环风机的转速（即喷嘴压力），及气氛成分有关。一般炉温与料温差距较小，如图 6-9 所示。根据合金性质、加工硬化程度、退火要求来设定料温，以料温作为主要控制参数。根据料温与炉温之差及机列速度确定喷嘴压力或料温与炉温之差及喷嘴压力确定机列速度（这部分可通过计算机软件实现自动控制）。料温与炉温之差愈大，喷嘴压力就愈小，如曾对 C26800，0.23mm 带材进行测试，温差为 20℃时，喷

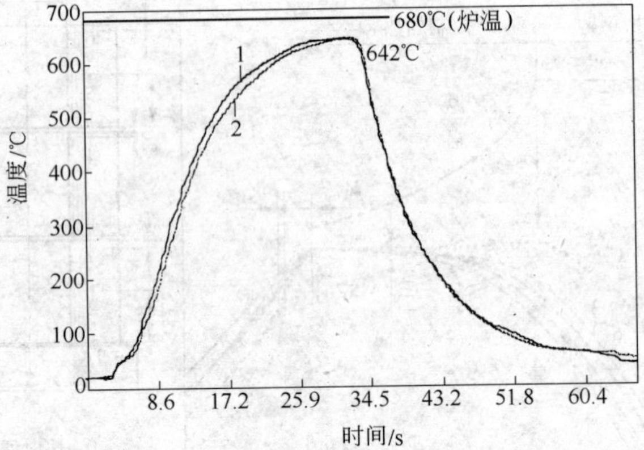

图 6-9　卧式连续退火炉的温度曲线
（测温条件：材料为 C26800；规格为 0.5mm×650mm；带材运行速度为 15.1m/min）
1—边部；2—中心

嘴压力为 668.4Pa（68.2mm 水柱）；若温差为 40℃时喷嘴压力为 305.8Pa（31.2mm 水柱）。由此可见，温差大，热传导快，喷嘴压力适当降低也可满足于料温的要求。

该类炉子，退火带材的最大与最小厚度之比为 10～30，最大与最小宽度之比为 3 左右，该机列退火速度最高已达 120m/min（对铜及铜合金带而言），生产能力可达 7.5t/h，热效率随气氛的改变也明显提高，当选用高氢时（75%的氢），热效率可达 75%以上。

从图6-9看出，虽属快速加热，而带材中部与边部的温度在任何时候差异都很小，均匀性远好于上面两类炉子，生产效率也高，只是投资成本及运行成本均较上两种高，所以要根据产品质量要求区别选择。同时由于带材在炉内停留时间短，要使材料实现完全再结晶，炉子的退火温度必比上面两类炉子高。

（2）退火时间。中间退火的带卷都是在轧机张力条件下卷取的，所以卷层间紧密，当选用“箱式炉”或“罩式炉”炉型时，热对流的层间传递与均匀化退火相比阻力更大，因此热传导也比后者占的比例大，保温时间必然要长。但对紫铜类、锡磷青铜类的合金在中间退火时要严防层间粘结，否则到下道工序轧制时会出现粘痕，严重者会产生孔洞。为解决该问题，一方面采用减张措施，另一方面降低退火温度（在保证充分再结晶的前提下），缩短退火的保温时间（在保证性能均匀、合格的前提下）；生产中通过上述措施，烧粘现象明显减轻。至于“单条展开式连续退火炉”炉型的退火时间取决于机列带材的运行速度，该速度根据带材厚度、材料性能的要求及炉子加热区长度等来选取。如图 6-9 所示，退火时间（包括加热、冷却时间）非常短，在加热区，薄的只有几秒，厚的也只有一分多钟，可实现高温快速退火。该类炉型由于带材在炉内受热均匀，时间相等，加之机列中配置了表面处理设备，使退火带材能获得晶粒细小、性能均匀、表面光洁、热效率及生产效率高的优质产品，当然，该类炉组附加设备多、占地面积大、投资大、技术含量高，所以掌握的难度要大些。为了节省开支，一般用于预精轧退火及成品退火工序。不过在国外，铜带的中间退火广泛选用立式连续退火炉，因它产量高、质量好，同时工序可连续进行（无需等料温降到允许值），也无需担心退火时卷层间可能出现的粘结问题。这类炉子的示意图如图 6-10 所示，小时产量达 12t/h，是罩式炉产量的 6 倍以上。只是在炉子本体部位要求厂房高度高达 30 多米，为厂房建设带来一定难度。

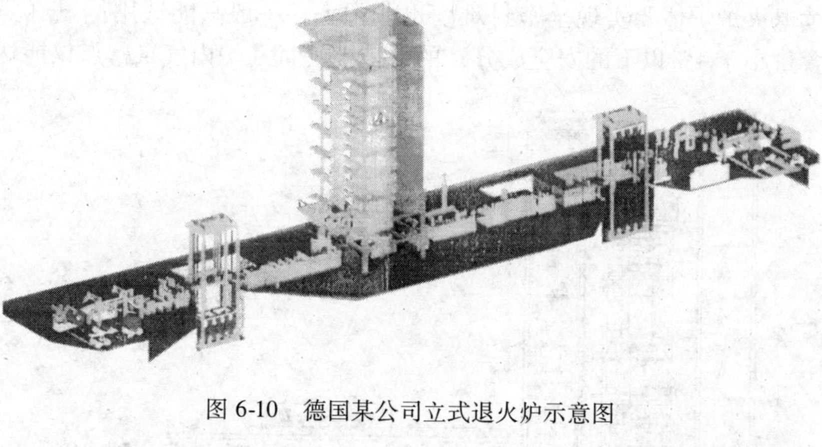

图 6-10 德国某公司立式退火炉示意图

6.4.5.3 成品退火

成品退火指产品的最终退火，大多为软制品。精密铜带对该工序的质量要求很高，首先根据用户要求满足性能上的各项指标，同时要求性能均匀一致。表面质量也是重要的考核内容，一般都要求表面无擦划伤、无外物压入，光滑、无氧化，即使存放期间（一般保证半年）也不允许变色。为了保证精密铜带成品的综合质量，一般选用卧式连续退火炉，如德国的容克公司已生产多条机组，其特点是上下气垫的压力差使带材浮在喷嘴间，在炉内无任何接触，不至于擦伤表面。近年来奥地利的 EbnerCo 又开发出马弗罩式立式连续退火炉，如图 6-11 所示。它采用高氢（75% 氢、25% 氮），实现光亮退火，炉内气氛露点可达 -30℃以下，无需酸洗或刷洗，专用于薄带退火。因它在加热区内可实现低张力控制（带材的自重），而卧式连续退火炉退薄带时（厚度小于 0.12mm），尤其是来料板形不太好时，很易出现擦划伤，因如此长的带材在加热区内，必须给予足够的张力，否则带材会因下悬而划伤表面，若张力大了又易出现断带或皱折。当带材在炉内的运行速度高达 80m/min 以上（带材愈薄，要求机列速度愈快）的机列，实现炉内小张力稳定控制难度更大，所以断带常有发生，而且断带后进行连接处理也十分困难，以致高精薄软带的退火一直是个老大难问题未得到很好的解决，作为课题尚在攻克中。另外，卧式连续退火炉炉体要实现全密封难度也非常大，一般只能选用低氢（氢含量小于 4% 以下的安全成分）的保护性气氛（炉内气氛露点仅能达

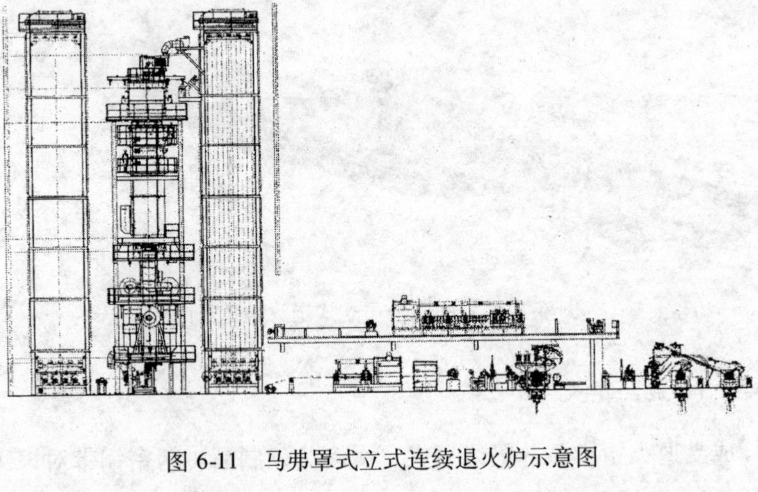

图 6-11　马弗罩式立式连续退火炉示意图

到0℃以上)，所以退火后表面很易氧化，必须经过酸洗、刷洗工序，无法获得高精度、表面色泽均一、无刷痕的产品。但这两类设备投资均较大，对许多中、小型企业由于投资受限，成品退火大多选用罩式炉，但性能的均匀性与表面质量都比不上前者，能作为一般用途的产品使用。不过退火过程要严防卷层间烧粘，退火前一定要进行减张处理。

成品退火的气氛控制也是一项关键技术，它对成品性能及表面质量都有直接影响，尤其对退火时间的选择影响更大。因气氛成分不同，导热性能、密度差异很大。现对氢气及氮气部分性能进行比较，就可说明问题。

(1) 导热性能。从导热系数看，氢气为 17×10^{-4} W/(cm·℃)(4.06×10^{-4} cal/(cm·s·℃))；氮气为 25.1×10^{-5} W/(cm·℃)(6×10^{-5} cal/(cm·s·℃))；该值氢气为氮气的6.8倍，如图6-12所示。

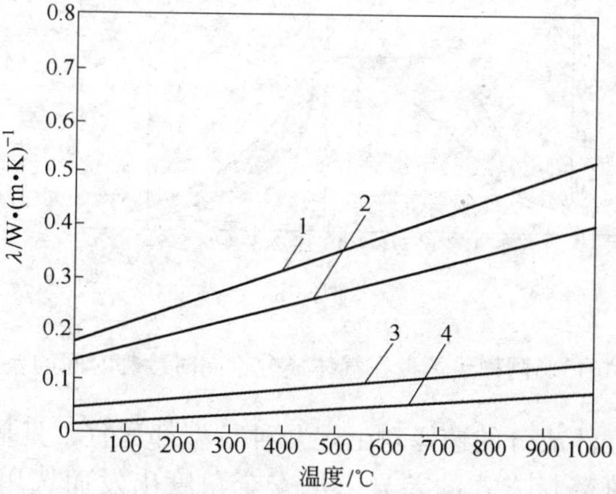

图6-12　不同成分气体的导热性能与温度的关系

1—全氢；2—75%氢，余为氮；3—25%氢，余为氮；4—纯氮

(2) 气体密度。氢气密度为 0.0899×10^{-3} g/cm^3；氮气密度为 1.25×10^{-3} g/cm^3；氮气密度是氢气的13.9倍。密度小、质量小，在罩式炉退火时摩擦阻力小，能耗小，摩擦热损失也小，强迫循环风机的功率明显下降，如图6-13所示，C27000带卷在罩式炉退火时的情

况，其中装炉量均为26t，厚度为4.2mm的带坯。当采用不同成分的保护性气体时，由于气体成分的差异，使生产效率明显不同，如100%氢气的冷却时间要比25%氢气的冷却时间缩短3h。

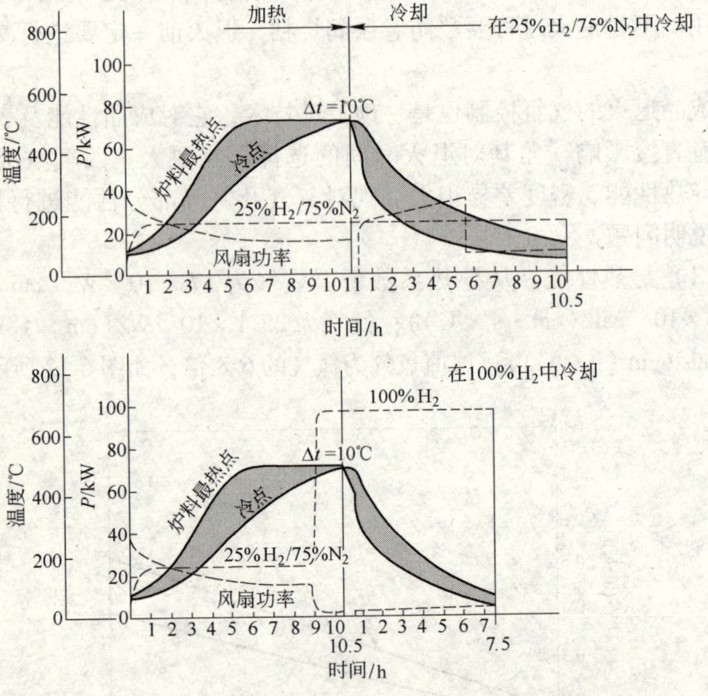

图 6-13 同样装炉量在气体成分不同时冷却时间的差异

保护性气体成分的选择对上述几种炉型都适宜，只是炉型结构不同，由于炉口密封方式的差异，从安全角度出发而选用不同的含氢量。今后发展趋势仍向高氢方向发展，因它易实现真正的光亮退火，而无需酸洗、刷洗，从环保及提高表面质量的角度看都是有利无弊的。同时能较大幅度地提高生产效率，其中要说明一点，高氢不适用于含氧量高的紫铜带退火，含氧铜在氢气中退火时，氢在高温下渗入铜内，与氧化亚铜作用产生高压水蒸气使铜破裂，这种现象称为“氢气病”。氢对含氧铜的危害性与温度有关。当温度为150℃时，因水蒸气处于凝聚状态，不产生氢对含氧铜的危害，含氧铜即使放置十年也不会裂，在200℃的氢气中含氧铜经一年半就会破裂，若在400℃的氢气中含氧铜只需经70h就会破裂。不过在高精铜带生产中此情况很少。

6.4.5.4 消除应力退火

消除应力退火是指材料在再结晶温度以下的退火，即低温退火。目的是为消除成品工序因加工变形带来的残余应力及剪切成品时留下的剪切应力，对于质量要求高的弹性材料及框架材料均要经过该工序，因这些材料的下道工序都是在高速冲床上进行冲制，材料若有残余应力冲后必出现扭曲变形，影响冲制品的几何尺寸及形状，是后道产品所不允许的。该工序一般在罩式炉内进行，对表面及性能要求特别高的框架材料，近几年日本某公司将下列的新技术运用于该工序。

（1）为解决低温状态浮力的准确调节及沿带宽方向温度能均匀分布（一般在低温状态下，要控制好带材温度的均匀分布，难度要大得多），而在炉内各区设有上下两台风机，使上下喷嘴可独立控制风量。

（2）在低温条件能有效地改善板形，炉内增设可升降的碳辊，它可起到一定的拉伸矫平作用。

（3）为减轻退火带材从炉内加热区运行到冷却区时，不因急冷而产生新的应力变形而增设了缓慢冷却区（此区配有加热器）。上述技术的运用使这类关键产品的品质得到进一步提高，材料消除应力的效果显著，生产能力也得到提高。

6.4.5.5 淬火与时效处理

该工序是针对部分有特殊性能要求的铜合金而言，目的为改变材料的组织以提高材料的性能。淬火一般在热轧终轧后立即进行（个别品种如铍青铜、C70250合金等，为提高成品性能，还可在预精轧后的工序增设一次淬火），也有部分产品在成品前或成品工序进行，如铍青铜、锆青铜等。淬火的加热温度选上限，以提高淬火效果，但应稍低于合金的低熔点共晶温度（防止过烧）。淬火必需要使合金元素充分固溶，固溶越充分，时效的强化效果就越好，所以该工序工艺参数合理选择十分重要，淬火工序的加热保温时间主要取决于强化相的溶解速度，时间太短易引起固溶不足，时间太长则造成晶粒粗大。淬火加热结束和开始水淬之间的间隙时间愈短愈好，防止已充分溶解于固溶体中的强化相出现局部分解、析出、集聚，降低淬火效果。如框架材料中的Cu-Fe-P系，要求水淬速度大于10℃/s以上，因冷却速度太小会使强化相部分析出，导致固溶不足。用于仪器、仪表材料的铍青铜、锆青铜、钛青铜及铬青铜均属固溶强化合金，淬火工艺要求同上，只是品种不同加热温度及保温时间、水淬速度不同。

时效是使过饱和固溶体中的强化相析出，时效温度及时间应以析出相不至于聚集，而均匀弥散在晶内、晶界上为原则。若不适当地提高时效温度或增长保温时间，均会降低强化效果，使电导率下降，力学性能受损。

现将主要产品的热处理制度推荐如下，如表6-9、表6-10所示。

表6-9 铜及铜合金精密带材采用罩式炉退火的退火制度

品 种	厚度范围/mm	状态	目 的	退火温度/℃	退火时间/h		装炉量/t
					加热	保温	
C10200	0.8~2.0	S	中间退火	320~380	3.5	5~7	15~21
C5191	9.0~16.5	S	均匀化退火	580~680	3.5	7~10	15~22.5
C5191	1.2~4.2	S	中间退火	450~520	3.5	6~10	12~22.5
C5191	0.1~1.2	H、SH	消除应力退火	230~280	3.5	7~10.5	8~20
C26800	1.0~4.2	S	中间退火	420~520	3.5	8~10	15~22.5
C19210	1.0~2.0	S	中间退火	500~520	3.5	8~10	15~20
C19400	1.0~2.5	S	中间退火	450~500	3.5	8~10.5	13.5~18
C19400	0.2~0.8	H、SH	消除应力退火	350~400	3.5	8~12	13.5~18

注：表6-9所提供的退火制度是适合于卷重3t以上，卷内径φ500mm、外径φ1000mm以上的带卷，若条件改变，退火的工艺参数会差异很大。

表 6-10 铜及铜合金精密带材采用气垫炉退火的退火制度

品 种	厚度/mm	状 态	炉温/℃	料温/℃	机列速度/m·min^{-1}
C10200	0.2~0.3	S	590	560	28~20
	0.4~0.5	S	590	560	18~15
	0.3~0.4	H/8	590	540	15~12.5
C11000	0.2~0.3	S	600	560	30~23
	0.4~0.5	S	600	560	20~17
	0.3~0.4	H/4	570	500	24~20
C12200	0.2~0.3	S	630	570	28~22
	0.4~0.5	S	630	570	19~16.5
C19210	0.3~0.5	S	700	630	30~18
	0.6~0.75	S	700	630	17~12
	0.8~0.95	S	700	630	11~9
C19400	0.3~0.5	S	700	640	25~15
	0.6~0.75	S	700	640	13~10
	0.8~0.95	S	700	640	9.5~7
C26800	0.2~0.3	S	750	700	24~22
	0.4~0.6	S	750	700	19~14.5
	0.2~0.3	H/4	700	630	30~25
	0.4~0.6	H/4	700	630	22~17
C52100	0.2~0.3	S	700	650	28~23
	0.4~0.5	S	700	650	18~14
	0.6	S	700	650	12
C51900	0.2~0.3	S	700	630	32~26
	0.4~0.5	S	700	630	20~16
	0.6	S	700	630	14

表6-10中的数据仅供参考，因不同国家的气垫炉在结构（如加热区的功率、长度，喷嘴及强迫循环风机的形式、炉内气体成分等）、性能上差异很大，退火的工艺制度也必然不同。另外，用户对

产品性能的要求有时差异较大，退火工艺也随之调整，所以表中数据仅限于类似设备。

6.4.6 精整工序

精整工序在精密铜带生产中起着越来越大的作用，它包括表面处理（酸洗、刷洗、抛光及脱脂、钝化等工序）、矫平、剪切、修边及缠绕、包装。

6.4.6.1 表面处理

随着工业技术的发展，对精密铜带表面质量要求愈来愈高，如框架材料的用户收到生产厂家的产品后，首先对进料的产品质量进行复查，铜带的表面质量是在20X或者50X的显微镜下进行观测，若缺陷超出协议标准就会提出质量异议。随着检测手段的不断完善，质量指标要求更具体。过去表面质量靠目测检查，现在国外知名的铜加工厂已通过针孔仪、表面检测仪等手段进行缺陷种类及数量上的评判。当然各用户要求的指标根据用途不同都有一定差异。现举一例说明，国外某公司在订单上提出，框架材料进料的表面质量不能有如下缺陷：表面不允许因氧化、污染留有不正常的颜色；在1m样品内不多于5处针孔、凹痕，其深度不大于0.005mm；在1m样品内不允许有5处15mm以上长的划痕，且划痕深度需小于0.001mm；带材边缘不允许出现细小的凸出物等。

从上述要求看出，对表面的要求已量化，而不是停留在性质的分辨上。而现场生产仍靠目测作为主要检测手段的，难度就较大。

如何满足用户对精密铜带表面的要求，从带坯开始着手，强化铣面工序（前面已述在此不重复）。加强中间工序的表面酸洗及刷洗、严防中间工序出现擦划伤、金属及非金属压入、重视成品工序的表面脱脂、清洗质量，必要时增加抛光、钝化处理。这些工序的工艺要求简述如下：

（1）酸洗及刷洗。其目的是清除冷轧及中间退火过程带来的表面氧化及污染物，精密铜带的酸洗及刷洗是在一条连续式酸洗机列上进行的，采用10%～5%浓度的硫酸溶液，溶液可选为常温（过去老式酸洗因氧化严重，需将酸液加热到40～60℃），因退火炉均在保护性气氛的条件下进行，带材表面氧化较轻。然后经冷水洗、带水的刷洗、热水洗、钝化及干燥。同时配置酸雾回收装置，防止污染环境。该工序关键要防止残酸带入、刷痕过深及刷子出现振纹。目前正研究“无公害酸洗”的新工艺。

超声波酸洗也曾运用到铜及铜合金的酸洗中，它属一种有效的快速酸洗法，即在酸槽中装超声波装置，可使酸洗时间缩短1.5倍以上。但投资较大，参数不易控制，所以未被推广。另外，电解酸洗是一种强化酸洗过程，由于电解化学作用，表面质量及酸的利用系数均较高。带材作阳极、电极板为阴极，二者间形成电势，酸液产生离子电解，使带材表面的氧化皮除去。该方法用于紫铜带经电解酸洗后可获得带有抛光的表面。但运行成本高，也存在环境污染的问题。

（2）脱脂、清洗。其目的是为除去成品轧制后带材表面残留的轧制油，并保证洗后的带材在存储期间（至少半年）表面不会出现变色，以保证下游用户的正常使用，因变色会影响材料的焊接性能、冲压性能及成形性能等。该工序均在清洗机列上采用连续喷射的方式进行。

精密铜带成品清洗的质量，从工艺上看必须把住以下环节：

1）清洗剂及其浓度的选择。一般采用60～80℃的碱液或高压热水（压力为：1～1.6MPa、温度为：70～90℃），后者考虑环保要求，属无污染清洗法，但在表面含油量较高时（含油量大于200mg/m^2），清洗效果比不上后者。前者装置简单便于掌握，但浓度要严格控制，一般控制在0.5%～1.5%之间，否则清洗效果不佳，因浓度高了会污染表面，不易清除干净。电解脱脂在欧洲部分高精度铜板带生产中已得到应用，它的最大优点是清洗效果好（脱脂后，含油率可小于5mg/m^{2}每面，其他脱脂方法只能做到10mg/m^{2}每面），表面光洁，但运行成本较高，尚未广泛运用。

2）清洗刷材质、转速、压下负荷的选择，都直接影响到成品表面的光洁度、色泽的均匀性及清洁程度。一般来料表面质量好者，可选用尼龙刷，若来料表面污染明显，需选带磨料（磨料粒度及材质要根据表面光洁度的要求选）的刷子，对表面要求高的产品选用3M

公司的刷辊，与前面所述的刷子相比，前者刷子与表面是点状接触易损伤表面，而3M刷辊是以线接触易实现色泽均一、表面光滑、清洁(刷辊要注意选择合适的粒度及硬度)。但它对工作环境的要求比前者稍高，最好在常温、清水的工作条件下，刷辊的寿命最长，刷后效果好。若在带温度的碱液中工作，黏着剂的强度稍受影响，会对刷辊的使用寿命带来一定影响。

3）脱脂液的油水分离是保持清洗效果的重要环节，因工作一段时间，轧件上的油均落入脱脂液中，若不及时将油分离出来，残油会污染表面，影响清洗效果。在溶液循环状态工作下将油分离出来，必需有足够的静止时间，如何选择油水分离装置是解决问题的关键。经过多年设计方案的改进，目前PPT001装置已有效地应用于生产中，油水分离效果较好，分离率可达到99%左右。

（3）表面钝化处理。

表面钝化处理环节的好坏直接影响成品的表面质量及用户的使用。如电缆带若表面出现变色，不仅影响成形时的焊接性能，还影响导电性能，同时影响电镀层的结合。对热交换器用铜带，若表面变色会影响该装置的使用寿命及效率。现简述铜及铜合金表面变色的原因：

铜及铜合金表面的本色是光泽的，由于铜金属本身呈路易斯碱性，易失去电子发生氧化现象，特别是在温湿环境中，很快氧化变色失去金属光泽。尤其是在大气中或生产过程中各种溶剂、润滑剂的残留，会使本色受到污染或氧化而变色。影响铜及铜合金表面变色的因素主要有：

1）大气污染。大气中含有 CO_2、O_2、N_2、CO、H_2O、及 SO_2 等基本气体，而铜具有高的正电位（Cu^+、Cu^{2+}），在大气中易生成 Cu_2O（红色）、CuO（黑色），其中 Cu_2O 比 CuO 更易生成，因此变色层中 Cu_2O 大于 CuO。铜的氧化物呈碱性，在潮湿空气中会进一步形成 $CuCO_3$，如下式：

$$CuO + H_2O + CO_2 = CuCO_3 + H_2O \tag{6-9}$$

$CuCO_3$ 不能长久单独存在，会以碱式碳酸铜形式出现（即铜绿）。若空气中含 S 或 SO_2 时，还会形成碱式硫酸铜。若大气中的 SO_2 含量小于 0.01%、湿度小于 60% 时，对铜带表面膜的生成没有促进作用；当湿度大于 60% 时，铜带表面膜的生成有明显的促进作用；而当湿度大于 90% 时，铜带表面由于毛细凝聚作用，可以凝结上一层从几十个水分子厚至肉眼可见的水膜，如下式所示：

$$2Cu + \frac{1}{2}O_2 + H_2O + SO_2 = Cu_2O + H_2SO_4 \quad (6\text{-}10)$$

$$2Cu_2O + SO_2 + \frac{3}{2}O_2 + 3H_2O = 3Cu(OH)_2 \cdot CuSO_4 \quad (6\text{-}11)$$

2）氧化变色。铜在大气中，于室温下会缓慢氧化，当温度升到 100℃时，表面生成黑色的 CuO，其氧化速度与时间的对数成正比。在干燥空气中，铜与氧的缓慢氧化过程，称为干腐蚀；在潮湿空气中，铜会发生电化学腐蚀。这两种腐蚀均会导致铜及铜合金表面变色，其化学反应式如下：

$$2Cu + \frac{1}{2}O_2 = Cu_2O \quad (6\text{-}12)$$

$$2Cu_2O + O_2 = 4CuO \quad (6\text{-}13)$$

3）生产工艺因素的影响。如润滑剂的污染，生产中带材表面残留的乳液、轧制油、残灰、残碳（退火制品）等均会产生变色或腐蚀斑点（因污染处界面饱和蒸汽压下降，有利于水膜形成，易出现电化学腐蚀）；又如残酸、水质的影响，若酸洗后清洗不彻底或清洗用的水中含有 Cl^- 离子、SO_4^{2-} 离子时，都会导致铜带表面变色。

4）加工过程带来的温度及污染物影响。如成品剪切时，因后部为形成张力而选用压力垫，当带材运行时它与带材之间因相对滑动摩擦而使带温升高，出现表面氧化变色；又如加工过程的污染（如尘埃、残液、金属粉等）也同样引起表面变色。

从上述的情况分析，要防止精密铜带的表面变色（包括一定的存储期），必须采取表面保护的措施，否则难以解决。因从热力学观点来看，几乎所有的工程金属与合金都是不稳定的，只有自然或人工表面膜的保护，才能使许多材料在不同环境中，避免迅速腐蚀。欧美、日本等发达国家的铜加工业都已采用了严格的表面钝化处理技术，该方法在我国铜加工业经多年探讨、试验也已成功地运用到生产中并取得实效。

表面钝化处理膜要求具有以下功能：

1）具有使金属表面形成膜层的能力；

2）具有改善金属表面的能力（净化和均化），增强金属表面耐腐蚀性和耐变色能力；

3）具有使金属表面产生光泽的能力；

4）能使金属表面产生色彩功能或装饰效果；

5）同时该膜不影响后续工序的正常运行（如冲制、焊接、镀层及其他表面处理等）。

人工表面膜材质及该膜成形工艺的选择是实现上述要求的关键，同时必须考虑对环境是否有污染，如传统的钝化处理方式即铬酸盐钝化，它属六价铬酸盐是重度污染品不允许使用；苯丙三氮唑（又名BTA）是目前铜加工生产中普遍采用的钝化处理剂（原品有粉末状、溶剂状，使用时配成一定浓度的水溶液）。

BTA属于有机杂环化合物，当配制的溶液喷射到铜带上，与铜带表面形成半渗透性聚合络合物，成为$Cu/Cu_2O/BTA\text{-}Cu$的多层结构膜。它在很多介质（水及有机溶剂）中稳定，故能在铜合金表面上生成不溶性的覆盖膜层$[(C_6H_4N_2\cdot N)_2Cu]$的聚合络合物。它在280℃以下是稳定的，不仅可作为机械隔离层，还可以起到腐蚀阻挡层的作用。BTA在100℃以下的空气中完全是稳定的，耐热分解温度为500℃，会分解出与苯胺、硝基代苯类似的有毒化合物。该钝化物必须有严格的使用工艺，配置水溶液时，一定要将水加热到60℃左右，并进行均匀的搅拌，否则会因溶化不均而在带材表面上结晶析出白色斑痕，放置一段就形成黑色斑点，直接影响用户的使用。另外，钝化质量与金属的表面状态有关，要获得最佳的钝化膜质量，要求带材表面清洁、均匀、光滑（晶粒细小），同时钝化后的带材表面不宜附着残液，而要求经挤压辊挤后形成均匀的水薄膜，然后进入烘干箱，以获得上述的保护膜，该钝化膜不耐热，烘干温度一般控制在60℃左右。溶液在使用过程要经严格地过滤，始终保持溶液清洁、浓度不变，不允许有残酸、油样物及金属碎末等残留，否则直接影响钝化效果，因此该系统要配置过滤装置及 BTA 溶液的配置设备。

为使保护层能一直保持到用户的存储阶段，要求成膜后的后续工序不能损伤该膜（无划痕），因该膜的厚度很薄（经测量为 10μm 左右，当然该厚度与溶液浓度及浸泡时间直接有关），一有损伤就起不到保护膜的作用。

近年来，为进一步提高精密铜带的抗氧化防变色能力，在 BTA 的基础上添加了多种有机添加剂，添加剂成分不仅改善 BTA 在水中的溶解性，同时可以防止 BTA 的析出，还能降低钝化液的表面张力，从而增强了钝化液对金属表面的润湿性，形成均匀的钝化膜。如日本的 C-71P_1，我国“万青远”的 CC-2002，它们都以液体供应，抗氧化能力比单一的 BTA 有显著提高，还能提高铜表面的润滑性且增强表面光泽度，同时钝化液的 pH 值接近中性，本品属高浓缩型，添加量小，推荐使用浓度仅为 0.1%（BTA 选用浓度为 0.2% ~0.4%）。但价格较高，需根据用户要求综合分析后再确定。目前 CC-2002 已有不少铜加工厂成功运用到生产中。

6.4.6.2 拉弯矫直、剪切、修边及缠绕、包装工序

这几道工序都是出成品的最后工序，它关系到最终产品的质量及成品率，也关系到一个企业的形象，所以要给予足够的重视。

（1）拉弯矫直。对于部分精密铜带生产该工序十分重要，主要用于框架材料、弹性材料及对板形要求高的产品上。这儿谈的拉弯矫直是指降低或消除带材内部残余应力而研制的新装备——张力矫直或拉弯矫直机列。当然拉弯矫直是在张力矫直的基础上发展起来的，其消除带材应力的效果比张力矫直好。1980 年德国“UNGERER”公司与“维兰德”公司合作成功开发了该项技术，并在精密铜带生产中得到推广。

拉弯矫直技术的特点以及与其他矫直方法的差别：

1）拉弯矫直技术的特点。该技术是在 20 世纪 80 年代初，德国 Ungerer 公司总裁翁格尔先生发现带材经张力矫直后，在进一步处理中不能有效地满足所有参数的要求。于是，与德国维兰德公司合作研制，

开发了新型拉弯矫直技术及其装备。如图 6-14 所示。由于它的开发与运用较好地解决了轧机上难以解决的板形缺陷，同时使带材内部的残余应力也得到减轻或消除，用于电子框架材料后质量得到明显提高。

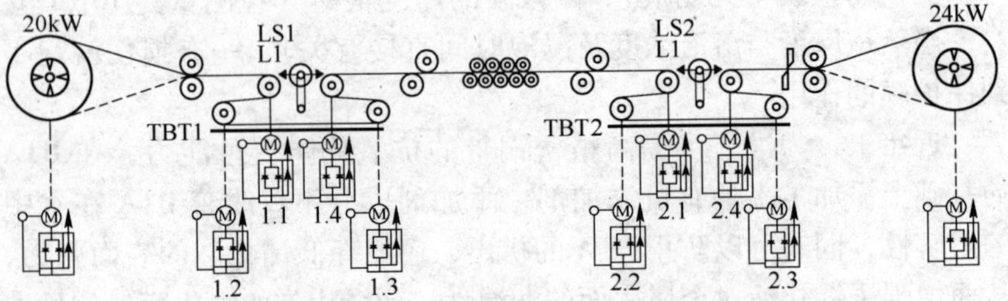

图 6-14　拉弯矫直机列的示意图

该技术的控制原理，是带材建立一定张力，然后应用超弯曲的应力，使带材横断面的中心向弯曲辊内侧移动，从图 6-15、图 6-16 可

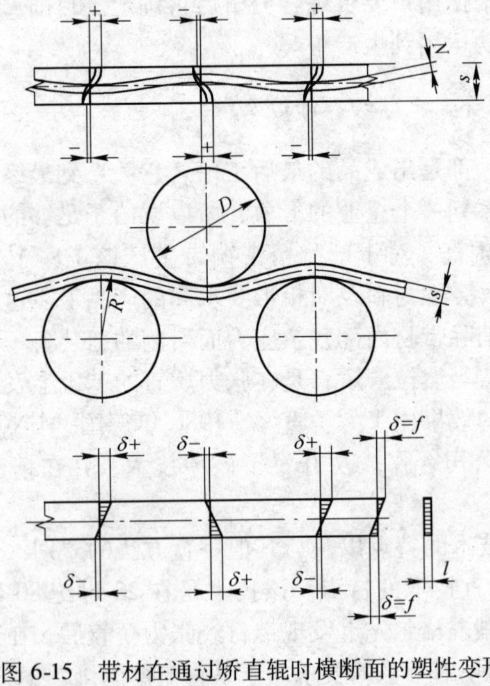

图 6-15　带材在通过矫直辊时横断面的塑性变形

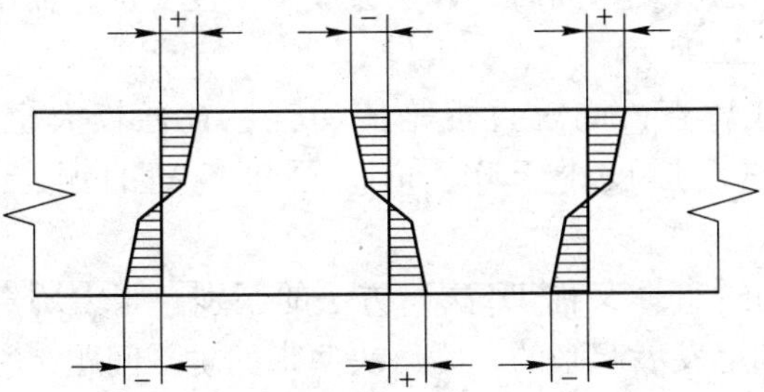

图 6-16 反复弯曲时产生的高残余应力

看出，带材在外加拉伸应力与交变弯曲应力联合作用下产生塑性延伸(短纤维伸长，长纤维不变，而使断面纤维长度一致)，以达到连续矫平的目的。外加的拉伸力由前、后张力辊组产生（辊组的每个辊子均由电机单独传动)，这种拉紧的应用可减轻带材的张力，形成统一的原始曲率。交变弯曲应力由多辊（六重 23 辊）矫直辊产生，矫直辊为非传动的，能量来自矫平工作，经弯曲矫直后，使带材张力增加。该设备的上矫直辊可以进行无级倾斜，并作垂直运动，由此来保证厚度和强度范围大的带材的调节，下辊可沿辊宽进行分段调节，以保证来料不同的板形缺陷得到纠正。在拉弯矫直过程中带材受到张力作用与矫直辊更紧密地接触，有效弯曲半径接近矫直辊半径，能有效地增加弯曲应力的作用。使中性线交替地在带材截面几何中心上下向弯曲内侧偏移，如图 6-15 所示。

从图 6-15 看出，其两侧的带材均受到大于材料屈服极限的拉应力作用，从而带材在整个截面上均产生塑性弯曲，但因各点产生不同程度的塑性弯曲而使延伸趋于一致，板形缺陷得到纠正。

该技术不仅在线外独立运用，而且国外有的铜加工厂对要求高的产品，在剪切（纵、横剪）机列、退火机列、清洗机列上均有应用。

2）与其他矫直方法的区别。在铜及铜合金板带生产中，传统的矫直方法主要有辊式矫直、张力矫直两种。后又发展了拉弯矫直技术，现与其他矫直方法进行比较。

①与辊式矫直方法的区别。辊式矫直是通过矫直辊的弯曲变形，使带材外层承受拉伸应力，内层承受压缩应力，开始时应力在材料的

弹性范围内，经反复弯曲后，外层会产生塑性变形，而留存高的残余应力。如图 6-16 所示。

同时辊式矫直机的矫直辊是传动辊，辊径较大也无横向调节的功能，所以对厚度小于 0.4mm，强度偏高的铜合金带难以矫平。

②与张力矫直（又称 TL 法）方法的区别。张力矫直是在辊式矫直技术的基础上发展起来的，为解决薄带的矫平问题，它利用张力使带材沿宽度方向的质点出现不同程度的延伸（即长短纤维都被伸长），带材的外观板形得到改善，而带材内部的残余应力却增加，随后进行冲制时，因应力释放而导致变形。另外，带材长纤维部位拉长易损伤组织，使带材矫后的屈服极限及伸长率均下降。再通过三辊或五辊矫直机，在带材张力上又附加一定的超弯曲应力，虽有利于带材的矫平，但材料的内应力仍无法减轻。

3）拉弯矫直工序的主要工艺参数选择。铜及铜合金带材通过拉弯矫直工序后能否达到要求的指标，合理选择工艺参数十分重要。该工序主要工艺参数：张力、伸长率、深入值（对矫直设备而言）、支承辊分段调节时其值的选择、机列的控制方式。以上参数的选择要根据被矫材料的品种、性能（同一品种不同状态的材料有不同性能要求）、厚度、原始板形及对矫后板形的要求来决定。当然还与张力辊及矫直辊的辊径直接有关。

①伸长率：主要根据被矫材料的性能及原始板形状态确定，当原始板形差、被矫材料的屈服极限高时，其值可取上限，反之则取下限，对于铜及铜合金带材一般取值在 0.2% ~0.5% 之间，而合金钢带有取到 1.5% 以上的。因取值过大会使材料的性能及几何尺寸发生较大变化，如某公司为测试拉弯矫直装置的能力，曾对 H65 0.73mm × 630.5mm S 态的带材，将伸长率取到 3%，矫后结果带材断面尺寸变成 0.69mm × 629.5mm，长度由 1000mm 拉长到 1030mm，所以此值是不允许这样取的。当然其值取得过小对材料的矫平又无效果，此值若选得合理，可使带材在横断面上实现短纤维伸长，弹性变形变得容易，而使长纤维在此过程处于无张力状态（即不伸长），带材的内应力也得以消除。该装置带材的延伸程度及所产生拉应力的

大小是通过前、后张力辊组（S辊）的速度控制装置来进行调节的。

②矫直辊的深入值（又称矫直机入口的压下量）。其值大小直接关系到该装置形成张力的大小，影响矫直效果及材料性能。一般根据被矫材料的厚度、状态（即材料的屈服极限）及来料板形确定，同时还与所选伸长率数值有关。它随厚度的增加而减少、随材料屈服极限的提高而增加，来料板形差时，其值适当增加，当伸长率取得偏大时，说明张力偏大，即弯曲占的比例减少，深入值可适当减小。一般矫平铜及铜合金带材，设计上最大取值为4mm。

③控制方式的选择。控制方式主要有两种：一种为伸长率控制。指工作过程伸长率不变，张力却始终是变化的，其变化与材料的原始性能直接有关；另一种为张力控制。指工作过程张力不变（实际波动在一个范围内）。一般当材料性能硬，利用伸长率调节不过来时，可选张力控制方式。当机列处于穿带速度时均采用张力控制方式。

④支撑辊分段调节。为获得良好的板形，在前面几个工艺参数调节后仍不能满足板形要求，就使用支撑辊分段调节的功能。分段调节指的是下支撑辊通过液压油缸带动楔形滑块动作，以实现支撑辊高度调节。当支撑辊上抬，即为“+”，使辊缝减小；当支撑辊下降，即为“-”，使辊缝增大。通过调节可消除此部分的波浪。一般调节值在±0.5mm，主要根据波浪类型来调，目的是使带材横断面的纤维长度一致，即短纤维拉长，并维护带材的整体性。

上述各参数要实施最佳选择，需摸索试验，关键要根据来料板形。来料板形较好者，以矫直机的深入值及伸长率值合理搭配即可达到要求。

工艺参数选择的顺序为：首先是控制方式、随后是伸长率、矫直机的深入值及出口辊缝，最后才进行支承辊的分段调节。

现举例：某厂从德国Ungerer公司引进的拉弯矫机列，拉矫前后的力学性能对比如表6-11所示。

表 6-11　矫前矫后性能对比表

序号	品种	状态	厚度/mm	矫前			矫后		
				R_m/MPa	$R_{p0.2}$/MPa	$A_{11.3}$/%	R_m/MPa	$R_{p0.2}$/MPa	$A_{11.3}$/%
1	C2680	S	0.27	364	158	55.5	359	141	56.5
2	C2680	T	0.8	533	531	13	531	498	15.5
3	C1220	H/2	0.6	420	376	8.0	410	367	10.5
4	C1921	H/2	0.3	474	447	11.5	471	443	13.5
5	C1940	H/2	0.38	503	490	7.5	500	477	9.0

从表 6-11 看出，矫后材料的强度及屈服极限约有微量下降，伸长率有所提高。

4）拉弯矫技术在铜带生产的应用中遇到的问题及解决问题的办法：

①如何根据来料板形及材料性能准确地选择出主要的工艺参数，并经该工序后，带材获得要求的板形、表面质量及最小的残余应力。在实际工作中较难把握，因无检测手段，只能凭经验及外观观测，不易准确判断，往往到用户使用时才能发现，给双方均带来较大损失。解决办法，就是在机列上配置板形检测装置，并实现板形的自动闭环控制；该技术在 20 世纪 90 年代末德国 Ungerer 公司已成功实施。目前还有其他类似公司也将此技术运用到生产中。

②矫直辊的磨削与抛光。该机列的矫直机工作辊要求表面光洁度很高（表面粗糙度 R_a 为 0.05μm），不允许有任何印迹（包括亮印），对于如此细长的辊（直径与辊长之比达 50～66），磨削时若带托架支撑，在支撑处辊面上会留下印迹，矫后带材表面也留下明显的痕迹，该状况是不允许的。若不用托架支撑，直接通过磨床顶尖支撑又易出现辊的弯曲变形，一般的磨床都难以达到该要求。同时经长期运行，因受力较大，工作辊也会出现弯曲变形，尤其是辊颈处，以致用后不能直接修磨，而必须先矫正后，才能进行修磨，磨后再经磨机除去磨削时留下的印迹，随之完成抛光任务。所以细长辊修磨方式有待进一步研究及改进。

（2）剪切。对精密铜带的纵剪工艺及设备提出了精确的要求。由于下道工序是连续作业，要求带材长度长，获得宽度均一（宽度公差不大于 ±0.03mm）、边部质量好（毛刺小、甚至无毛刺，无压痕、无卷边、无碎浪等）、表面光洁（无擦划伤、无金属或非金属压入、无污染物）带材，同时切后带材卷紧卷齐无塌卷现象。另外，对要求高的产品，如框架材料还需保证切后无扭曲、侧弯及剪切带来的残余应力。这一切要求必须有严格的剪切工艺、精密的剪切设备及精细的操作来保证。设备在后面讨论，此处只讨论剪切工艺及对操作的要求。当然它们之间是相互配合，不可分割的。

剪切工艺的关键技术有以下三方面：

1）剪切刀片侧间隙及重叠量的准确选择及调整，该参数选择、调整得是否适当直接影响切后的边部质量及宽度公差，它与剪切材料的力学性能、厚度、剪切条件有关。

从剪切理论分析，将剪切过程可分为四个阶段，即剪切断面分四个区：边部翻转——翻转区、光亮带的变形——光亮区、超材料强度极限的破断——破裂区、因拉力破断时留下毛刺——毛刺区。各区所占比例取之于剪切过程的渗透深度及破裂角度。渗透深度对一种性能的金属总是一样的，破裂角度一般波动在 7°～12°之间。它又取决于被切材料的性能、厚度、剪切刀片的侧间隙及重叠量，刀刃的锐利程度等，如图 6-17 所示。

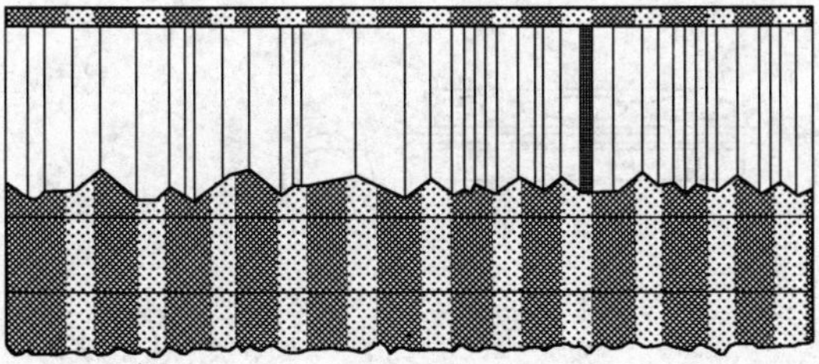

图 6-17　材料剪切断面示意图

剪刃侧间隙的选择根据剪切过程的受力状态（剪刃锐利程度相同）分为三种：

①间隙小，属压缩剪切，翻转区约占2% ~7%，宽度控制良好、切出的边角较正、粘印增多、刀具磨损快；

②间隙较大，属拉伸剪切，翻转区约占8% ~20%，毛刺较大、宽度控制不严、切出的边角较大、刀具磨损轻；

③理想间隙，剪切处于平衡状态，翻转区约占6% ~9%，毛刺较小、宽度控制尚可、切出的边角7° ~12°、刀具磨损属中度。

具体剪刃侧间隙 Z 按理想边部要求，建议与厚度 H 的关系按下式选择：

对于软金属 $Z = (7\% \sim 10\%)H$；对于硬金属 $Z = (15\% \sim 20\%)H$。

剪刃重叠量的选择是剪切过程重要的工艺参数，要求其值在剪切过程稳定无变化，值的大小除与材料厚度、性能、剪刃锐利程度及侧间隙有关外，关键与刀具的同心度、剪轴的刚性或剪切过程发生的轴的偏转量、隔离环（或称剥离环）的外径（如外径大时，剪刃重叠量就要增加）有关。

2）切后的表面质量，取决于切后带材卷取时建立卷取张力的方式。目前精密铜带剪切过程建立的卷取张力有以下几种方式：

①气垫压板式，如图6-18所示，该类方式的最大优点是结构简单、造价低，适合于剪切带材表面质量要求一般的产品。但由于剪切过程压板与带材之间有相对运动，会导致带材表面出现擦划伤，同时

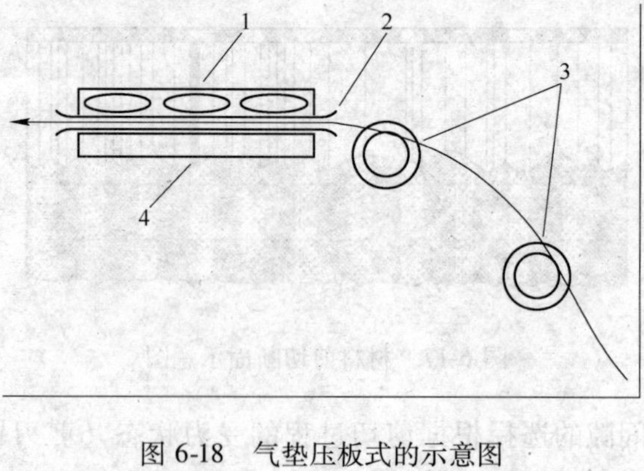

图6-18　气垫压板式的示意图

1—气垫；2—毡布；3—导向辊；4—固定板

因摩擦生热而影响或破坏表面的保护膜，甚至在南方（尤其是夏季）会引起表面变色。所以对表面要求较高的产品（如框架材料）不选用此方法。

②压板加压辊的方式，压板仅作为建立起始张力的作用，其值非常小，剪切张力主要靠压辊的压力来建立，根据张力的要求确定配一对或两对压辊（要求张力大时选用），压辊的表面均衬有3M材料或其他耐磨、摩擦系数较大、易清理的材料，为保证剪切过程卷取张力稳定，配备有卷径变化时，带材与卷取间包角保持不变的导向辊或移动装置。

③履带式的压紧装置，其特点是带材随履带向前运行而带压力的前移，带材与压紧装置之间无相对运动，不会引起带材的表面擦划伤，该装置以德国的乔克公司及日本JDC公司的纵剪线为代表，如图6-19所示。

④真空辊式的张力装置，该装置是以弗洛林公司的纵剪线为代表。其特点是利用真空吸附力的大小来调节张力，带材与该装置之间

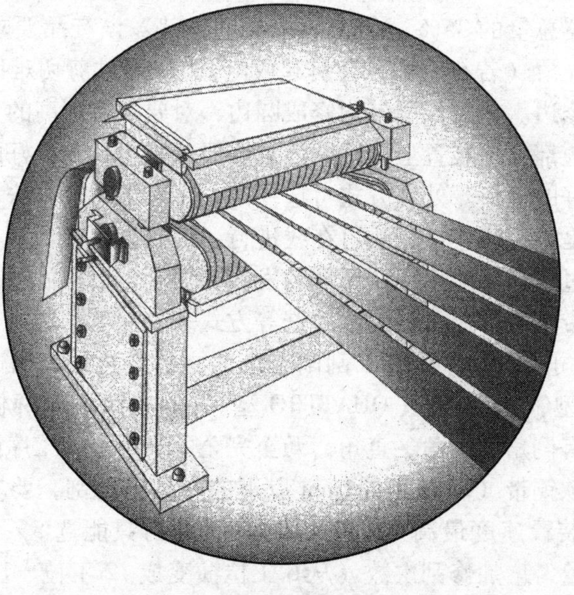

图6-19 履带式的压紧装置

也无相对运动。

后两种用于带材表面质量要求高、品种少、产量较大的装置上，不足之处是投资成本较高。

3）带材切后卷紧卷齐无塌卷，要做到这点关键把住以下几个环节：

切后边部无毛刺、碎浪及卷边；卷取时各条间张力稳定一致，同时张力值选择得当；剪切过程分离带材的各组分离盘表面（包括卷取机压辊上的一组）要求平滑不应有变形，同时间隔调节合适（防止擦边）。

（3）修边。修边工序是针对变压器带而言，变压器带的生产在我国近几年来发展迅速，这是随箔绕式变压器（又称干式变压器）的快速发展所致，因它与线绕式变压器（又称油浸式变压器）相比，有体积小、空载损耗小、抗短路能力强、热分布均匀、省材料、无轴向力、无污染、制造工艺简单、使用寿命长、效率高，而且日常维修方便等优点，是国外20世纪70年代兴起的一项新技术、新产品，很快在输配电工程中得到了日益广泛的应用，在国外干式变压器总产量已占变压器总量的35%，且大有增长的趋势。该产品要求导电性能好、边部光滑（若有毛刺，会引起放电），仅通过剪切难以达到，一般要进行修边。在国外厚带均修成圆边，对要求特别高的变压器带是在专门的边部处理装置上进行，该装置要求来料具有良好的宽度、厚度公差及好的板形。处理方式可选择刮、铣、滚压等方法，其中最简单的方法是滚压法，该方法可在线进行，但此方法未从根本上解决问题，使用过程还可能出现变压器的发热、振动，以致放电，所以对高端变压器带则需选用机械的刮、铣等方式来去除毛刺更为合理。德国JULIUS公司专门设计研究以刮削工艺为主的修边机、刮边机（UNO型、DUO型、TRIO型及QUATTRO型），以去除铜带两侧毛刺，或使铜带具有倒角、圆角、直角，乃至完全的半圆。该工序的技术关键是解决薄软铜带（即厚度在1mm以下的）的修、刮，要求减慢机列速度（该装置速度最高可达300m/min，此时只能选5~10m/min），减少修刮量，增加修刮次数（从6工位演变成12工位、18工位，甚至24工位）。如图6-20所示。

图 6-20 TRIO 型修边生产线

（4）缠绕、包装工序。该工序是精密铜带产品出厂前最后一道工序，全过程要保证成品不受任何损伤（包括表面及边部），同时在运输及存放阶段也不允许产品出现任何损坏及表面变色现象。这就对包装提出严格要求，尤其是质量要求高的框架材料，现举例说明包装程序：切后的每条带材首先进行称重、条带打捆、缠绕、贴产品标签、堆垛、垛后捆扎（也可通过塑料薄膜缠绕）、装箱及箱外打捆、贴出厂标签等。在国外，现代化的铜加工生产企业，框架材料的包装已实现全线自动化控制，既减轻劳动强度，又保证了包装质量，避免许多人为（操作、管理等）造成差错，不仅提高产品质量及产量，同时也提高劳动效率及成品率，是值得推广应用的，只是一次性投资较大，各企业要根据自己的资金实力选择。当然，对一般产品根据用户要求及运输方式确定，如选用高速公路运输，包装就可简易些；长途运输就必须保证结实可靠，措施得当，尤其是薄软带的运输。其中一定要重视包装材料的选择，要保证材料的强度、韧性及防腐、防潮性能。

7 铜及铜合金精密带材生产中主要设备选择

要生产出高精度铜及铜合金带材，设备选择十分重要。选择的前提是满足产品工艺流程及质量的要求。主要设备分四大类：轧制设备、热处理设备、表面处理设备、精整设备，现分别介绍如下。

7.1 轧制设备

7.1.1 轧制设备的分类

根据产品工艺流程及工序的作用轧制设备或机列可分为三类：承担热加工的热轧机列、承担冷开坯的初轧或初中轧机列、承担预精轧及精轧的精轧机列。

7.1.2 热轧机列

热轧机或机列的作用、分类、结构特点及参数如下：

（1）热轧机的作用。完成铸锭加热后，轧制至热开坯要求的厚度。保证热轧带坯厚度均匀、板形平直；终轧温度满足产品工艺要求；表面无裂纹、划伤、辊印、金属及非金属压入；边部无裂边，同时不允许出现张口、分层及明显的氧化。

（2）热轧机的分类。用于铜及铜合金带坯生产的热轧机有三辊劳特式（中间辊辊径与上下辊辊径不同）、三辊等径式、二辊不可逆式、二辊可逆式。前三种均属20世纪50年代前设计、制造的，用于小锭轧制。随着科技的发展，技术水平的提高，卷重不断增大，卷重由几十公斤发展到现在的25t重；铸锭的尺寸也随之增大，同样对设备的装机水平提出更高的要求，现以二辊可逆式轧机为例介绍。

（3）热轧机列设备组成及主体设备的结构特点。热轧机列由运输辊道（包括机前、机后）、工作辊道（包括机前、机后）、主机、立辊系统、导尺系统、换辊装置、工艺冷却润滑系统、切头尾的剪子、卷取机及卸卷装置、带卷冷却装置等十大部分组成。另外，与它配套的液压系统、工艺冷却润滑的供给系统、润滑系统（包括各类轴承）、供电系统、电控传动系统、厚控系统及整个机列的控制系统等，是一个占地面积大、设备总重较大的机列。

1）热轧主机由机架牌坊、辊系（包括轧辊、轴承、轴承箱）、压下系统、辊系平衡系统、轧辊传动系统（包括接轴及接轴的平衡装置、减速箱、传动马达等）、轧制线调节系统、轧辊冷却润滑的喷射系统、辊系的锁紧装置等。

机架牌坊是工作机座的重要组成部件，一般均为闭式铸钢件，在闭式机架牌坊中，窗口宽度应稍大于轧辊的最大直径，以便换辊。窗口高度要根据轧辊尺寸在最大开口度位置时，考虑换辊时留有一定余量。

其他部分的结构都随产品质量的提高及技术发展而不断改进。如压下系统结构的发展可分五个阶段：由20世纪30、40年代的手动轮盘式调节，到50年代初的电动压下（两侧单独、无负荷条件下调节），后发展到电动压下能单独又能联动调节（在无负荷条件下），到20世纪70年代末、80年代初已采用电动压下加液压垫的代负荷调节方式，20世纪末国外已有将全液压压下装置用于生产铜带坯的热轧机上。压下系统结构的改进，使带坯质量得到明显提高。

辊系平衡系统已由原来的弹簧式、重垂式发展到液压式，即通过轧机上部连接横梁中部的液压缸柱塞与上辊轴承箱的平衡装置相连，以满足轧机工作时的辊缝平稳并保证换辊时快速、可靠。

2）主传动系统由主电机、联接器、减速箱、齿轮机座、连接轴等组成，此系统的作用是将主电机的动力传递给轧辊。主电机可选交流不变速的普通电机，一般用于小锭轧制，价格便宜、易维护；对大锭热轧应选择直流电机或交流变频电机，均可实现变速轧制，最高轧速已达240m/min以上；两个工作辊可通过齿轮机座与电机同轴传动，以保证上、下辊速度同步；两个工作辊也可由主电机通过连接轴单独传动，轧辊的速度同步由电控设备来保证，此方式可放宽对上、下工作辊辊径差的要求。连接轴主要有万向接轴、弧形齿接轴及梅花接轴，对热轧机一般选万向接轴，梅花接轴仅用于小型轧机上。

3）冷却系统分轧辊的冷却润滑装置、轧件的淬火装置（为特殊品种而配置）及轧件的冷却装置。前两部分都需配置过滤设施，以保证液体的清洁度，后者一般与工厂的循环水系统相连，对轧辊的冷却润滑部分还需考虑溶液的加热、降温及温度控制。

4）卷取装置为将终轧的直条坯料卷成带卷，以便进入后面带材生产其他工序。该装置要求将坯料卷紧、卷齐，一般选择无芯卷取方式，也有选用张力卷取，不同方式采用不同装置。后者用于质量要求特别高时，它的设备造价高，所以较少选用。前者被广泛选用，因结构较简单、造价低，但结构设计及参数选择时要注意热卷与冷卷的差异，否则会满足不了工艺要求。

其他部分的要求，如各类辊道要求耐磨、耐热、抗冲击；立辊可起到破鳞及控制带坯宽度并减少裂边的综合作用，要求该装置有足够的强度及刚度，与主机轧速匹配，能实现带坯宽度的闭环控制，一般选用大立辊及小立辊两类结构形式，前一类结构较复杂、投资较后者大，但控制宽度公差的精度及控制裂边效果均较后者强；机架前后的导尺是为铸锭或坯料进入轧辊前导正，以防轧制时带坯因进入时的偏离而跑偏，直接影响轧后带坯质量，设备也易出故障。

（4）热轧机列的参数举例，见表 7-1。

表 7-1　热轧机列的参数举例

参数 \ 形式	三辊劳特	二辊可逆式			二辊不可逆式
轧辊尺寸 /mm × mm	$3\phi780/680/1100$	$2\phi850\times1500$	$2\phi980\times1100$	$2\phi950\times1600$	$2\phi457\times864$
铸锭最大尺寸 /mm × mm × mm	120 × 620 × 1100	210 × 1070 × 4800	250 × 840 × 8500	60 × 420	220 × 1250
出口厚度/mm	5.0 ~ 12.0	6.0 ~ 15.0	8.5 ~ 25	7.0 ~ 20	3.5 ~ 6.0
铸锭最大重量/t	1.0	7.5	16	20	<0.5
最大轧制压力/MN	8	12	20	22	3

续表 7-1

参数＼形式	三辊劳特	二辊可逆式			二辊不可逆式
主机功率/kW	1250	1900	2×2050	2/2000	447
最高轧制速度/$m \cdot min^{-1}$	90	180	252	180	84
轧辊最大开口度/mm	200	250	300	300	100
轧辊冷却流量/$L \cdot min^{-1}$	1500	2400	3000	3500	500

7.1.3 初轧或初中轧机列

初轧或初中轧机列用于冷态下开坯及轧制厚规格的产品。根据冷轧工艺特点及产品要求，它与热轧机相比具有以下特点：轧辊开口度及直径较小，轧机刚度及轧制速度比热轧机高。

（1）初轧或初中轧机的作用。将连铸带坯或热轧铣面后的坯料按工艺流程轧制到要求的厚度。要求轧后产品厚度均一、板形及表面质量良好、工序成品率、劳动效率高。

（2）初轧或初中轧机的分类。从辊系分，有二辊、四辊、六辊；从传动方式分，有可逆式与不可逆式两类，其中不可逆式轧机有单机架、双机架、三机架、四机架、直至五机架的联轧机，近十多年来双机架形式用得较广泛。另有个别制造商初轧机结构设计成厚带开坯选不可逆，中轧时采用可逆式，此类结构制造成本较高，而对提高产品质量是有利的。究竟选择哪种结构，取决于品种及产能。不可逆联轧机适合于少品种、高产能的成批生产，相比其优点：机列纵向占地面积小、轧制间隙时间短、生产效率高、轧件的头尾损失少、成品率高，同时开卷、卷取设备分别只需一台，而可逆式轧机的开卷机 1 台，卷取机需 4 台（有两种类型）；但不足之处是需有带卷返回机构，横向占地面积大，电控系统较复杂，对操作员的技术水平要求较高，同时投资较大。从这两类现代轧机的设计看，产品质量差异不大。

（3）初轧或初中轧机列的组成及结构特点。机列由上料机构、开卷设备、入出口设备、主机、卷取设备、卸料机构及换辊装置、电控系统、液压及其他辅助系统组成。对联轧机还配带卷返回机构及机架间的张力装置，如图 7-1 所示。

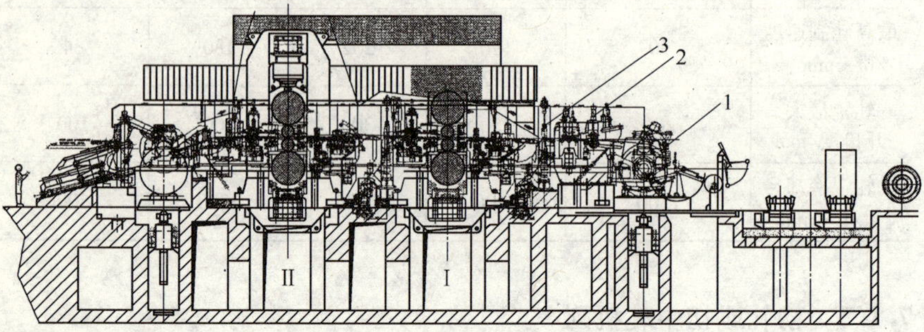

图 7-1　双机架联轧机组示意图

1—开卷机；2—真空抽吸；3—导向装置

机列主要部分的结构特点简述如下：

1）轧机本体的组成同热轧机类似，不同的是要求制造精度高、刚度大、一般要求刚度在 450t/mm 以上。

压下系统有电动压下、电动加液压、全液压三种方式，现代轧机基本选用全液压结构，它工作稳定、可靠，压下速度快、控制精度高，便于实现厚度的自动闭环控制。

辊系平衡系统比热轧复杂，即需配工作辊平衡，又需有支承辊的平衡，其平衡力不仅要保证轧制时的辊缝，同时要防止带材在加减速及高速轧制时，工作辊与支承辊之间出现打滑，否则易损伤轧辊及轧件的表面。

弯辊及窜辊系统是为轧件板形调节而配置的，它们对减轻对称板形缺陷有明显效果。正、负液压弯辊油缸过去配置在轴承箱上，这样会减弱轴承箱的强度，影响轴承的使用寿命，并增加换辊的时间及难度，而现改为配置在机架的凸块上，解决了上述矛盾，效果明显。

轧辊冷却润滑系统不仅起到对轧辊及轧件的冷却润滑作用，通过配置分段冷却装置，可实现无规律板形缺陷的消除或减弱。目前该装置已与板形闭环控制系统相连，要求分段冷却系统的液体清洁，控制阀的精度高，喷嘴制作精细、强度大、不易变形，否则难以有效控制板形。

主机的传动系统与热轧不同之处是：两个工作辊均通过齿轮机座与电机同轴传动方式；连接轴大部分选用弧形齿式、十字头式、球笼式、滑块式等结构，其中第一、二类用得较广泛，滑块式已很少使用。大型接轴要在二者间增设平衡装置，现一般选择液压方式。

2）开卷设备。开卷机用来开启成卷带材，根据该工序的工艺特点，来料带坯厚而且卷层间隙较大，要求该机列配有直头开卷的直头机、向前送料的压辊装置、矫直料头的矫直机，同时工作时要与主机的速度匹配的卷径测量系统，以严防带材表面出现擦划伤或翘尾巴现象。由于带卷来自连铸及铣面设备，带卷内径变化大、卷松，要求开卷机的卷筒有较大的张缩范围，正常设计在100mm左右，现个别公司已作到200mm的张缩范围，但是否影响它的使用寿命有待观察。对大卷坯一般选用带侧支承悬臂式卷筒，卷筒为四棱锥式，轴向斜楔与套筒为一整体，由张缩油缸驱动芯轴带动斜楔套筒作轴向移动，使卷筒张缩。由于斜楔套筒为一整体的加工件尺寸紧凑，所以，主轴直径大、强度高、刚度大，已被设计者普遍采用。

3）入、出口设备。入、出口设备布置在轧机左右，组成基本相近，形式多种多样，已成为初中轧机设计中变化最大的部分，因它可设计得十分简单，如过去的老轧机仅有导板、导尺及测厚装置。目前的现代轧机此部分复杂得多，为实现大加工率轧制，需配置强迫咬入装置。为提高成品率，厚带轧制时要求松头压延，为此配置三辊式或五辊式、压板式的压头尾装置；同时配有导板、导尺、测厚、挤干及抽真空的除油设施、切头尾的液压剪、带偏导辊的测速及板形测量装置等，功能增多也使机列加长。

4）卷取装置。对初轧而言，卷取机分三类：有三辊上卷取机、不可张缩的大鼓轮卷筒式、可张缩的张力卷取机。张力卷取机一般选用单钳口，近来双机架联轧机上也有选用双钳口的。在20世纪90年代前普遍采用三辊上卷取方式，由于该方式带卷卷取时在无张力状态下进行，卷层间易出现相对运动而导致带卷表面的擦划伤，尤其对紫铜及高铜合金影响很大。为此厚带卷取选用大鼓轮式的卷取机，它可形成张力，能往返轧制，其钳口由液压缸驱动，但无法卸卷，对减轻带卷表面的擦划伤有效果。张力卷取机一般在厚度不大于 6.0mm 时使用，为提供较宽的张力范围，而采用换挡方式来达到要求。其卷筒结构分开式、闭式两种，闭式卷筒张开后表面不产生缝隙，对较薄带材不会产生压痕，并可降低张缩油缸的作用力。鉴于卷取张力的增大，一般采用倒锥式四棱锥的卷筒，可改善各部件的受力情况，如图 7-2 所示。

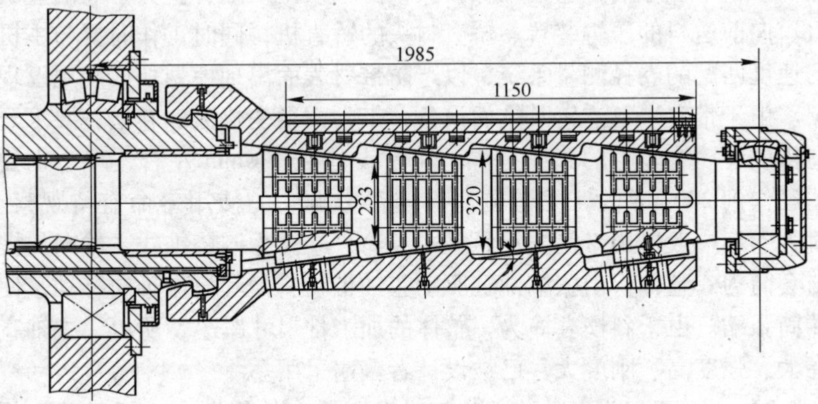

图 7-2　四棱锥卷筒内部结构示意图

卷取机在不可逆轧机上只需配 1 台，但结构较复杂，而在可逆式轧机上需配 4 台，大、小卷筒的传动可共用 1 台电机，通过离合器切换，也可采用分别传动，但占地面积和装机容量增大。

（4）现用初轧机主要参数举例，如表 7-2 所示。

表 7-2　初轧机主要参数举例

形式 \ 参数	不可逆联轧机				可逆式轧机	
	四辊双机架	四辊三机架	四辊四机架	六辊双机架	四辊单机架	四辊单机架
辊系尺寸 /mm×mm ×mm	ϕ510/1150 ×1000	ϕ400/1000 ×1000	ϕ360/800 ×800	ϕ550/1200 ×1350	ϕ260/700 ×510	ϕ400/800 ×800
入口厚度 /mm	21.0	7.0	18.0	19.0	15.0	15.0

续表 7-2

形式 参数	不可逆联轧机				可逆式轧机	
	四辊双机架	四辊三机架	四辊四机架	六辊双机架	四辊单机架	四辊单机架
出口厚度/mm	1.0	0.8	2.0	0.5	0.25	0.5
卷重/t	15	2.0	12	25	3.0	8.0
轧制压力/MN	20	10	20	20	4.5	15
各机架主机功率/kW	2500	1100	2000	4000	500	2×900
轧速/$m\cdot min^{-1}$	350	300	250	600	450	216
工艺润滑液	乳液	乳液	乳液	乳液	全油	乳液
卷取机形式	张力卷筒	张力卷筒	张力卷筒	张力卷筒	厚带：三辊上卷取	厚带：大鼓轮卷筒

7.1.4 精轧机列

精轧机或机列是生产铜及铜合金带材成品的主要设备，要求这些设备制造精度高，结构紧凑，环境清洁卫生。

（1）精轧机的分类。根据产品品种、规格的要求按辊系可分为三类：四辊、六辊、多辊轧机（包括十二辊、十四辊、十六辊及二十辊）；按传动方式，四辊轧机有工作辊传动及支撑辊传动两种，后者在工作辊直径不大于 120mm 时选用；六辊轧机有工作辊传动及中间辊传动两种，后者在工作辊直径不大于 180mm 时选用；多辊轧机中二十辊用得最普遍，它采用第二中间辊传动；它们均为可逆式轧机。

（2）精轧机列组成及结构特点。同类辊系的精轧机与初轧机的组成很相似，不同在以下几方面：

1）轧件及轧辊的冷却润滑系统。为保证轧件的表面质量一般选用全油轧制，随之与其必须匹配高精度的过滤系统、高效可靠的灭火系统及抽油烟装置。

2）由于轧件薄，轧制中很易产生板形缺陷，为提高成品的板形，现代化的精轧机上普遍配置有板形测量及闭环控制系统。

3）为防止薄带层间粘结，卷取机前增配一组S辊式的减张装置，在最后一道次轧制时运用。

4）在入、出口设备方面，因轧制油黏度比乳液高得多，除油难度大，所以需选用几对挤干辊加上抽真空设施，即使如此该课题尚未解决好，仍属攻关项目。

5）卷取机。为适应高速、薄带轧制，卷取机结构不断改进，现均选择高刚度、无间隙的闭式四棱锥卷筒。它由棱锥轴、扇形板、封闭楔、花键轴、芯轴、张缩弹簧及张缩油缸组成，并配置助卷器，为保证带卷层间不出折印，对卷取厚度不大于0.8mm的带材时必须上套筒，通过助卷器将料头平稳地缠绕至套筒上。助卷器为液压传动，它由特制的无接头助卷带经摆动辊、张紧辊张紧，移动油缸推动活动机架使助卷器靠近卷筒，以完成助卷任务。

对于多辊轧机，一般用于轧制强度高、厚度薄、表面粗糙度要求低的带材。轧机主体结构特殊，其他部分与四辊、六辊轧机相似。现以二十辊轧机为例简述如下：

轧机机架结构分四种：森吉米尔式的机架为整体机架，它由一个整体铸钢件加工而成，为达到要求很严的加工精度，铸造后先进行退火，粗加工后再退一次火，以便完全消除铸造应力和加工应力，然后用专门的胎具分组进行镗孔，八个半圆形孔相互平行度在0.01mm/m以内，要求精度非常高。其优点：机架刚度高，可达500~600t/mm，是其他机架形式的1.5~1.8倍；但缺点是工作辊间的开口度太小，断带时很容易在辊缝堆积料，对轧辊、喷嘴及入口设备损伤大，同时不易处理。罗恩式的二十辊轧机，工作机架由上、下两部分组成，这两部分是通过四根立柱连接的，如图7-3所示。

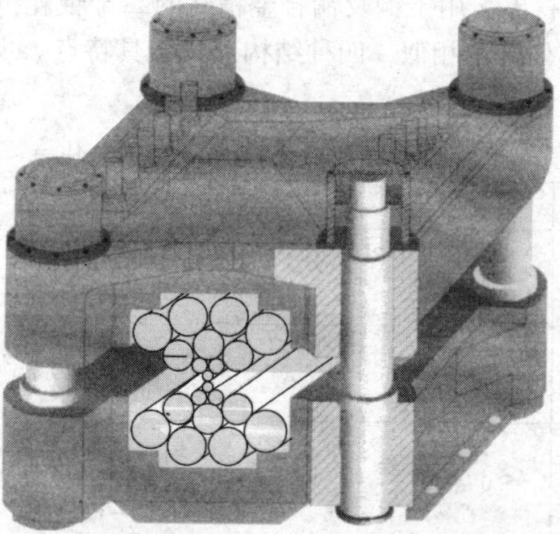

图 7-3 罗恩式二十辊轧机主机示意图
（机架牌坊式及预应力式的特点见表 7-4）

（3）部分精轧机主要参数举例，如表 7-3 所示。

表 7-3 精轧机主要参数举例

参数 \ 形式	四辊	六辊	二十辊			
辊系尺寸/mm×mm×mm	ϕ260/750×750	ϕ230/360/800×1000	ϕ54/76/130/225×533	ϕ70/76/132/225×810	ϕ90/85/150/220×850	ϕ46/75/131/225×790
入口最大规格/mm×mm	2.5×670	3.0×650	2.0×430	2.0×630	2.5×630	2.0×640
出口最小规格/mm×mm	0.08×400~670	0.08×400~650	0.025×300~430	0.025×500~630	0.05×400~630	0.05×300~400
卷重/t	4.5	10.0	5.6	4.5	10	2.3
轧制压力/MN	5.5	8	1.85	2	2.2	2.3
主机功率/kW	735	1000	514.5	500	600	600
轧速/m·min^{-1}	0/300/600	0/350/800	0/305/730	0/200/600	0/300/800	0/300/800
工艺润滑液/L·min^{-1}	1500	4000	1200	1500	3100	2000
主机机架形式	机架牌坊式	机架牌坊式	森吉米尔式/A 式	机架牌坊式/B 式	罗恩式/C 式	预应力式/D 式

从表7-3看出，用于铜及铜合金精轧的二十辊轧机机架形式有多种，但辊系排列基本相似，四种结构形式各具特点。现比较如下，见表7-4。

表7-4 不同结构二十辊轧机特性的比较

特 性	A式	B式	C式	D式
机架结构特点	整体结构	分上、下辊箱置两个牌坊间	四立柱式	带预应力分体式
机架刚度	刚度最大，加工难度大	刚度小于A式	刚度与B式相近	刚度与A式相近
工作辊最大开口度/mm	5.0~7.0	90	随工作辊辊径而变，波动在80~120之间	130
板形调节手段	支撑辊分段调节；第一中间辊窜辊；轧辊冷却分段调节；压下倾斜	除A式的几种调节方式外，另加第一、第二中间辊弯辊	同A式	第一中间辊窜辊；轧辊冷却分段调节；支撑辊B、C轴挠性调节，A、D分段调节

7.2 热处理设备

7.2.1 加热设备

加热锭坯的设备，要满足加热温度及温度均匀、加热速度快并节省能源、加热过程锭坯不发生明显氧化等要求。炉型选择取决于品种、铸锭规格及产能。

(1) 分类。用于扁锭加热的设备从总体结构分可分四类：环形加热炉、推料式连续加热炉、步进式加热炉、铸锭立放的电加热炉。前三种以重油或燃气为热源，这需根据当地能源配置状况选择。

1) 环形加热炉。用于加热重量1.5t以下、锭长不大于1.5m的铸锭，因受炉内空间的限制，其余炉型均可加热大锭。

2) 铸锭立放的电加热炉，仅各别厂家选用，炉内通保护性气体，在高温条件下加热铸锭表面无氧化，该方式产能小、生产成本高，用于表面质量要求特别高的框架材料锭坯加热上。

3）步进式加热炉。目前用得最广泛，因它具有以下优点：可加热各种规格的铸锭、生产能力及灵活性大、铸锭与梁间无相对运动，不会损伤铸锭的下表面、炉内料温分布均匀、温差小，加热速度快、有利于利用废热，炉子热效率较高，同时便于实现过程的自动控制，只是造价较高。下面以该炉型为主进行讨论。对步进式加热炉而言，按装料方式分可分四类：端进端出、侧进端出、端进侧出、侧进侧出。四种方式各有利弊，现比较如下，如表7-5所示。当按步进结构分，又分为两种：一种为双面加热步进梁式加热炉，铜锭承受对称的热负荷，缩短加热时间，减少氧化损失；另一种为锭的上部单面加热步进底式加热炉，炉顶配置平焰烧嘴，相比前者结构较复杂，维护难度较大，一般选用此形式的较少。

表7-5　步进式加热炉装料方式的比较

项　目	A端进端出	B侧进端出	C端进侧出	D侧进侧出
炉门热损失	炉门热损失大，此部分比D高3.75倍	与A型式相当	较D大，较A、B型式的小	炉门热损失最小，气氛易控制
炉门尺寸	最　大	入口小、出口大	出口小、入口大	最小，刚度高
结　构	较简单	较简单	较B、D型式简单	进出口辊道需带水冷的悬臂辊道，较复杂
操　作	方　便	较方便	较方便	锭在辊道上对中精度要求高
加热均匀性	一般	一般	较好	好
故障率	较低	较低	较D式低	较高

（2）步进式加热炉机组的组成及结构特点：

1）组成。步进式加热炉由五部分组成，上料装置、炉子本体、卸料装置、换热系统、排烟系统等。其中炉子本体为机列的主体，在此重点讨论。

炉子本体由炉子金属结构架、耐火材料砌体、燃烧装置、测温及温度控制系统、炉内气氛控制系统、固定梁、活动梁及运动装置、炉内密封系统等组成。

2）结构特点。

①按炉子结构可分两种：步进底式属上加热，仅上部有加热烧嘴；步进梁式，加热烧嘴安装在炉体侧墙壁，沿步进梁的上、下分布。

②利用炉底可动的步进梁做矩形轨迹的往复运动，将放置在固定梁上的铸锭一步步由进料端送至出料端。传动方式分机械传动、液压传动两种，目前广泛采用液压传动，因液压传动具有工作平稳、结构简单、运行速度控制得较准确、重量小及占地面积小等优点。

③炉衬及梁的耐火材料：炉顶和侧墙炉衬的厚度为225mm，用隔热材料及耐火纤维垫砌而成，整体经螺栓紧固在壳体上；固定梁及步进梁上除放置隔热板外，上用耐火浇注料砌成。为防止加热铸锭与耐火材料直接接触需加耐高温的垫铁，要求垫铁材料能耐高温、高温下无氧化、耐磨性好不易变形。目前国内垫铁材料仍在研制中，尚未找到耐高温、抗氧化、寿命长的材料。

④燃烧装置的结构与选用燃料的类型直接有关，一般有液体燃料、气体燃料、电加热三种。20世纪50年代曾使用过固体燃料，因热值很低、污染严重已基本淘汰。液体燃料（如重油、轻质油等）因热效率低、污染也较大，在大企业很少选用，中小型企业中仍有选用的。气体燃料被广泛应用，主要有发生炉煤气、城市煤气、石油液化气、天然气等。选用不同燃气成分不同，热值差距很大，如表7-6所示。

表7-6 不同燃气热值的比较

燃 气	发生炉煤气	城市煤气	石油液化气	天然气
热值（标态）/$kJ \cdot m^{-3}$	4814～5567	14651～26604	29302～36000	35162～38511
主要成分	CO、H_2	H_2、CH_4	CH_4	CH_4

对燃料热值（标态）超过8372kJ/m³（2000kcal/m³）的燃气，

当废气温度低者，可不需预热；但对废气温度高、燃料热值低的炉子均需设预热区，否则热能损耗大、效率低。通过预热区可使废气温度从600～700℃降到175℃左右。

助燃空气要求经预热器加热到400～450℃后送到各烧嘴，这样有利于节省燃料。由于采用对流式预热器，烟气在预热器处会造成一定的压力损失，所以应安装排烟机。

⑤烧嘴形式要根据炉内步进结构、燃料种类选取。步进底式一般选平焰烧嘴，安装在炉体顶部，由烧嘴砖、助燃空气室外壳及燃气入口组成，用钢板支架吊装在顶部，周围用陶瓷纤维材料密封，嘴底面与内壁平齐。当完全燃烧时，火焰扩散呈圆形，厚度约200～300mm，使铸锭表面上能获得均匀分布的辐射热，以保证炉内铸锭加热均匀；步进梁式一般选用直焰烧嘴，安装在炉体两侧。有的公司在此炉型上开发了蓄热式烧嘴，烧嘴对角安装，一个加热、另一个蓄热，交换进行，可提高热效率，降低氧化损失。

7.2.2 退火设备

退火炉的分类、退火机列的组成及结构特点如下：

(1) 分类。铜及铜合金带材生产时选用的退火炉种类很多，可分为两大类：成卷式退火炉及单条展开式退火炉。

(2) 退火机列的组成及结构特点：

1) 以成卷方式退火。

①有箱式单膛连续退火炉及双膛连续退火炉，该机列由装、卸机构、炉子本体（分内室、外室、加热区、冷却区，炉顶装有强迫循环风机，底部配置带小辊的轨道，轨道上放置底盘及带卷）、底盘返回机构、温度测量及控制系统、保护性气体供给及控制系统等组成。加热热源可选燃料也可用电能，冷却以风冷加水冷。推料采用液压缸推动底盘的方式，其特点：产能大、可实现自动控制，但炉体密封难度大，带卷表面易氧化，仅适于中间退火。

②钟罩式退火炉，每套炉组由两个炉台、两个内罩、一个加热罩、一个冷却罩、保护性气体供给系统、控制设备及其他辅助设备组成。加热源可选用燃气或电加热两种，这需结合实际确定，当然选用

燃气生产成本较电低。加热罩内的炉衬材料为轻质耐热陶瓷纤维；炉台由耐高温的金属外壳内添加耐火材料砌成，配置有保护性气体及冷却水系统，下部装有带水冷的强迫循环风机；内罩与炉台之间的机械连接用一个圆形橡皮密封圈（水冷却的）装配，通过液压压紧油缸自动压紧；冷却罩上有两台风机及水冷装置，用于冷却内罩；带卷的装料是通过堆垛翻转机构完成的。

其他还有井式真空炉、辊底炉等炉型，一般用于小型带卷（卷重 3t 以下）的退火。

2）以单条展开方式的连续退火。

①卧式气垫退火炉是近 30 年发展起来的，该装置的开发使铜及铜合金带材的质量得到明显提高，被广泛推广应用。

机列由以下部分组成：开卷机（两台）、切头尾剪（机列前后各 1 台）、接头机、脱脂装置、入出口活套塔、多组 S 辊组（起带材对中及调节张力、速度的作用）、压紧辊（包括挤干辊）、炉子本体（包括加热、冷却、炉口密封等）、酸洗、清洗装置、钝化、烘干机、张力测量及控制系统、卷取机及助卷装置、电控及温度控制系统、液压、风动及水冷系统、保护性气体供应及控制系统等，以及其他配套的辅助装置。该机列设备设计中关键部分是形成最佳气垫的风机、风道及喷嘴。风机有配置在炉顶的、有炉顶与炉底对称配置的、有配置在侧面的，不同制造厂家有不同的选配。喷嘴结构的设计差异也很大，有的上下喷嘴间距较大、刚度好、表面平滑，在处理断带料时不易损伤喷嘴，所以使用寿命长，有的则相反，处理断带料时很易将喷嘴拉变形，直接影响气垫及传热的效果。

②立式连续退火炉，要比上述卧式的使用历史更久。从机列组成看，除炉子本体结构不同外，其他部分均相似。其优点：占地面积小、机列短，利用带材自重形成张力结构较简单，生产能力大，普遍运用于在材料及厚成品的退火上，一般认为薄带在软化后，因自重作用会影响带材厚度。但近年 Ebner 公司开发了用于薄带退火的高氢立式连续退火炉，铜带已进入批量生产，对退火后薄带厚度是否影响，似乎不明显，也许炉体结构不同。缺点：厂房局部要增高近 20m，增大厂房建设难度，同时炉体维修时需配置专门的起重设备。

③张力退火炉，又称简易卧式连续退火炉。由于上述两种结构的炉子造价太高，小型企业难以承担，即开发了该类型的炉子。最早开发于韩国的三千里公司，用于部分材料消除应力退火。后为我国部分企业对原设备稍加改动后用于铜带的成品退火上，只是生产能力较小，表面易出现擦划伤，有待进一步改进。

7.3 表面处理设备

随着对产品质量要求的不断提高，表面处理设备的配置显得更为重要。根据处理方式可分为三类：带坯铣面装置、带材表面酸洗及清刷处理设备、带材表面清洗装置。

7.3.1 带坯铣面装置

（1）设备的组成及结构特点。带坯铣面装置由带直头的开卷机、矫直机、切头的液压剪、去氧化皮装置、带侧面仿形的铣边机、带压紧辊的下铣面机、带压紧辊的上铣面机、换铣刀装置、表面清洗干燥设备、带衬纸的卷取机及带卷打捆机、上卸料装置及相匹配的辅助设备，以及磨铣刀的专用磨床等组成。

（2）主要部分的结构特点：

1）开卷机。一种为可张缩双锥头式，张缩锥头有四个活动块，通过液压缸控制。锥头机座的移动，分别由各自的油缸驱动，可相对运动，也可同向运动。

一种是可张缩双柱头式开卷机，它由柱头、柱头旋转、柱头移动的传动装置以及活动机座等组成。柱头由扇形板、单节棱锥轴和张缩油缸组成。

另一种为悬臂式开卷机，由卷筒、活动机座、传动装置、边缘控制油缸及机座等组成，卷重大的加侧支撑。后两种被广泛应用，因对带材张力较大时也不会损伤带卷的内层。

2）卷取机。主要有无芯三辊上卷取机、有芯带张缩的张力卷取机两种。前者易带来卷层间的擦划伤，尤其是表面硬度低的铜带，不过此类造价较低，对表面要求高的产品一般选用后者。

3）铣面机。带支撑辊的上下铣面机结构相同，仅位置不同。

铣刀一般由直流或交流调速电机直接驱动，此设备是整个机组的关键。

4）铣边机。使用中故障率高，因来料边部状况不好，如裂边、侧弯、头尾宽度变化大等，对宽向铣削量控制难度大，易损伤铣刀、铣后的边部毛刺较大，不光滑，到后道工序冷轧易出现边裂。为防止该问题出现，要求铣边机前设测宽装置，通过 CPC 预设并调节左右铣刀的位置，控制铣边深度，所以要求控宽的机械及电控设计坚固、可靠，留有余地。另外，收铣削用软管与上部管道相连；为减少振动，带坯的两侧与两铣刀中间应分别设压紧辊夹紧。

7.3.2 带材表面酸洗及清刷处理装置

该装置主要用于带卷中间退火后的表面处理，除去表面的氧化物、污染物及局部缺陷。

（1）装置的组成及结构特点：机列由开卷机、带卷联接装置、脱脂机、酸洗机、水洗及刷洗装置、烘干机、机列前后切头剪、卷取机及与它配套的辅助设施等组成。结构较为简单，其中酸洗机、水洗及刷洗装置是机列的关键部分。其余设备与连续退火炉相关部分类似，在此不重复叙述。

（2）主要部分的结构特点：

1）酸洗机。铜及铜合金带材的酸洗普遍采用稀硫酸，浓度为 8% ~15%，结构有浸入式和喷射式两种，前者结构简单、制造成本低、占地面积较大，一般用于机列速度较低、带材表面氧化较轻微的条件下；后者除共需的酸洗槽外，还需配酸洗泵、喷射杆、喷嘴、酸液过滤装置等。该酸洗方式效率高，机列运行速度快，在生产中被广泛运用，只是投资及运行成本较前者高。

酸洗机的关键部件是用于制作酸洗槽的耐酸钢材、焊接材料及焊接工艺，它直接影响酸洗机的使用寿命。

2）水洗及刷洗装置。由冷水槽、热水槽及刷洗装置组成，其中刷辊上刷毛材料、规格、形态的选择及高速运行时刷辊动平衡的试验都是非常重要的环节，否则会使带材表面出现刷痕。

7.3.3 带材表面清洗装置

带材表面清洗装置由脱脂、清刷、磨光、钝化等工序组成，用于最终成品的表面处理，要求处理后的表面光亮、清洁、色泽均一、无任何污染物及擦划伤等缺陷，对配置的设备应制造精度、控制精度均较高，溶液的选用要精细、管理严格并配置溶液的过滤装置。其中脱脂设备要有油水分离机，将浮起的油及时去除，以免污染表面，该装置经国外多年研制、改进已取得实效。

由于是成品表面清洗，一般选用 3M 辊作为挤干辊、3M 刷作为磨光刷，效果显著。机列组成与带材表面酸洗及清刷机列类似，仅酸洗设备是否配置根据轧后带材表面状况确定，轧后表面无氧化可不配酸洗设备，否则就应设置。

7.4 矫直、剪切及包装设备

7.4.1 矫直设备

高精铜及铜合金带材生产中的矫直机主要有三种：辊式矫直机、连续张力矫直机、连续拉弯矫直机。

(1) 辊式矫直机。它是用于工序机列中的辅助设备，如双面铣机列的九辊矫直机、轧机上配置的五辊或三辊矫直装置、纵剪的剪切机列上配置不同辊数的矫直设备等，主要作为机列中的粗矫或喂料，一般不生产矫直成品。

(2) 连续张力矫直机。它是近 30 年发展起来的新型矫直机，已较广泛地用于铝带的生产中，也部分运用于铜合金带的拉伸矫平线上。工作时利用张力使带材的质点延伸和外观板形改善，但内部残余应力会增加，在随后进行的纵剪、冲制时因释放应力而导致变形，所以在铜合金带材生产中未得到推广。机列由两组 S 辊及中间配置的三辊矫直机组成，其余部分与连续拉弯矫直机列相同。

(3) 连续拉弯矫直机。它广泛用于高精铜及铜合金带材的成品矫直上，因它综合了辊式矫直机和连续张力矫直机的优点，在拉伸和连续交替弯曲的联合作用下使带材产生塑性延伸而能够矫正横向、纵向的波浪弯和矫正瓢曲、镰刀弯，提高带材的力学性能，减轻材料中的应力。机列由带边缘自动控制的开卷机、导向辊、清洁装置、衬纸及缠纸的纸开卷、卷取设备、多辊矫直机、矫直机前后各一组四辊制动S辊组、张力测量装置、检查台、带对中控制的卷取机等组成。为满足工艺的特殊要求，现又增设板形仪及板形闭环控制系统，该机列已实现全自动生产。

7.4.2　带材成品剪切及包装设备

成品剪切及包装工序是高精铜及铜合金带材生产中最终一道工序，所以，设备的选择及配置十分重要。

（1）成品带材剪切机列按带材规格分：有厚带剪（厚度不小于0.5mm）、薄带剪（厚度不大于0.8mm）两类，二者规格有部分重叠。

1）厚带剪切机列用于剪切不同状态的厚带成品，机列由卷材上料装置及带边缘自动控制的开卷机、带直头的矫直机、切头剪、圆盘剪、残边处理、活套坑、张力装置、中断剪、卷筒可更换的卷取机及带卷卸料机构等组成。该机列设计中，为保证切后带材的各项质量指标，几个难点要注意：圆盘剪的功率选择要留有余地；残边处理设备要可靠，若选断屑方式，断屑刀的结构设计及材质选择十分重要；若选缠绕方式，缠边卷取机的卷取及上压辊能力要足够；剪切后，厚窄带的卷取、打捆及卸卷要安全，严防相近卷卷层交错。

2）薄带纵剪机列用于剪切不同状态的薄带成品，结构形式多种，最简单的拉剪机用于专用带的剪切（如水箱带）等；其次单活套纵剪机列，用于一般铜带的剪切；对产品要求高或薄软带制品采用配置较高的双活套纵剪机列。如图7-4所示。机列组成与厚带剪切机列相似，不同的是上料机构还有另一种方式，是十字臂的回转装置，目的防止薄软带卷在托座上硌伤；圆盘剪入口处的压辊结构特殊，以保证进入带材平整无皱纹。机列设计中的关键有以下三部分：入口活套实现无张力或微张力控制，以保证切后带材边部无碎浪；圆盘剪剪刃间隙调节有偏心式及非偏心式两种，后者通过伺服电机、两侧配有位置传感器及线性导轨进行精密调节；出口侧带材的张力系统要满足各条带材的张力均匀、稳定，卷后的带卷紧而整齐，表面无擦划伤。为此，该部分的设计成为机列设计中最大亮点，结构上有选 3M 辊式、履带式、真空辊式、S 辊式等不同形式，并配有张力检测设施，目的使带材与张力装置之间不出现相对运动，保证切后带材表面无擦划伤。

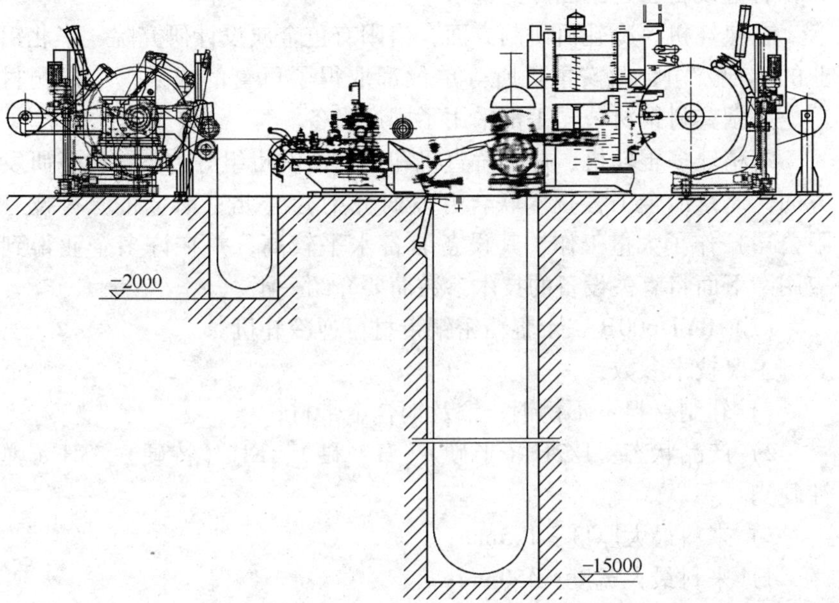

图 7-4 薄带纵剪机列示意图

带卷的卸卷采用十字臂的回转装置，各臂可选不同直径以满足不同内径带卷的要求。

（2）包装设备。过去带卷均采用人工手动包装，现随卷重增大，产能增加，包装质量要求提高，机械化、半自动化、自动化包装设备已在高精铜及铜合金带材生产中逐渐运用。一般厚带仍以手动包装为主，高精薄带选用包装机列的越来越多。包装机列设备及包装过程是：翻转台从十字臂取料、称重、对带卷打捆、纸缠绕、对中、堆垛、塑料薄膜缠绕、扣箱、箱外打捆带、贴标签、运出，其中关键是堆垛装置及工具，要求不能损伤包好的带卷。有采用真空吸盘式、机械液压式夹具、液压马达传动升降台式等方式。

7.5 国内精密铜带材生产设备研发状况

随着铜及铜合金精密带材需求量的不断增加以及精密铜带材生产的快速发展，我国精密铜带材生产设备的研发、制造水平也在迅速提高，有些设备已达到国际先进水平。

在热轧机、冷轧机研制方面，洛阳有色金属设计研究院、华北铝业的涿神公司、西安重机所等单位都取得了可喜的成果，广州铜材厂、芜湖鑫科铜材公司等都采用了国产设备。

在精轧多辊轧机、拉弯矫直机和带材清洗机组等主、辅设备研发方面，北京冶金工程技术联合开发研究中心（北京冶金正源科技有限公司）作了大量工作，其设备装备水平较高，并在许多企业得到应用。下面将有关设备的技术参数简要介绍一下。

（1）BYJ-600B 二十辊精密铜带材可逆冷轧机。

主要技术参数：

1）轧制材料：不锈钢、铜及铜合金带材；

2）产品状态：1/2H（半硬）、H（硬）、EH（特硬）、SH（弹性硬）；

3）来料最大厚度：1.5mm；

4）来料最大宽度：450mm；

5）来料带卷内径：ϕ500mm；

6）来料带卷最大外径：ϕ1700mm；

7）最大卷重：6t；

8）成品带卷厚度范围：0.05 ~ 1.0mm；

9）成品带卷内径：ϕ510mm（不带套筒）、ϕ560mm（带套筒），成品带卷外径 ϕ1700mm（最大）；

10）轧制速度：0 ~ 600m/min；

11）最大轧制力：1600kN；

12）最大轧制力矩：2700N · m；

13）卷取张力：低速挡 4 ~ 40kN；高速挡 2 ~ 20kN；

14）工艺冷却润滑方式：全油，油温及自动控制精度（39 ± 1）℃，油位显示及报警精度 ± 5mm；

15）张力精度：

稳速：在最大张力值时为±1%，在最小张力值时为±5%，

加速和减速：在最大张力值时为±3%，在最小张力值时为±10%；

16）轧制速度精度：±0.1%；

17）轧辊尺寸：工作辊 ϕ(40～45)mm×600mm。

（2）BYJ-550B 十四辊可逆冷轧机。

主要技术参数：

1）轧制材料：不锈钢、铜及铜合金带材；

2）产品状态：1/2H（半硬）、H（硬）、EH（特硬）、SH（弹性硬）；

3）来料最大厚度：1.2mm；

4）来料最大宽度：420mm；

5）来料带卷内径：ϕ500mm；

6）来料带卷最大外径：ϕ1600mm；

7）最大卷重：6t；

8）成品带卷厚度范围：0.08～0.8mm；

9）成品带卷内径：ϕ500mm（不带套筒），ϕ577mm（带套筒）；

10）成品带卷外径：ϕ1600mm（最大）；

11）轧制速度：0～480m/min；

12）最大轧制力：1600kN；

13）最大轧制力矩：17kN·m；

14）卷取张力：低速挡4～40kN，高速挡2～20kN；

15）带材表面残油量：≤8mg/dm^2；

16）工艺冷却润滑方式：全油，油温及自动控制精度（39±1)℃，油位显示及报警精度±5mm；

17）张力精度：

稳速：在最大张力值时为±1%，在最小张力值时为±5%，

加速和减速：在最大张力值时为±3%，在最小张力值时为±10%；

18）轧制速度精度：±0.1%；

19）轧辊尺寸：工作辊 ϕ(45~50)mm×550mm；

20）机上液压剪最大剪切厚度：2mm；

21）套筒尺寸：内径 ϕ497mm、外径 ϕ577mm、长度 460mm。

（3）BYJ-500 铜带材拉伸弯曲矫直机组。

主要技术参数：

1）机组速度：0~150m/min；

2）张力范围：6~120kN；

张力控制精度：稳态：在最大张力值时为±1%，在最小张力值时为±5%，加减速：在最大张力值时为±3%，在最小张力值时为±10%；

材料：不锈钢、铜及铜合金带材。

材料规格：

厚度：	0.08~0.8mm
宽度：	300~450mm
卷材内径：	ϕ500mm
卷材外径（最大）：	ϕ1600（未考虑衬纸）
卷重（最大）：	6t（套筒和衬纸另计）
套筒尺寸：	ϕ497mm/ϕ567mm×500mm

（4）BYJ 型 650mm 带材清洗机组。

主要技术性能：

1）机组速度：0~60m/min；

2）穿带速度：0~20m/min；

3）张力范围：2~20kN。

材料及性能：

材质：冷轧不锈钢带材、铜及铜合金带材。

材料力学性能及状态：清洗带材为冷轧后的硬态带材 $\sigma_{smax} \leq$ 1800MPa。

带材规格：

1）带材宽度：350~650mm；

2）带材厚度：0.08～0.8mm；

3）带卷内径：ϕ508mm；

4）带卷最大外径：ϕ1800mm（含套筒和衬纸）；

5）带卷最大重量：12t。

8 铜及铜合金精密带材生产的主要工具

精密铜带生产过程所用的工具种类繁多，可以分为轧辊类、衬套类、刀具类、矫直辊类、垫盘类、废料箱类、吊具类等。在此，重点讨论轧辊类及刀具类。

8.1 轧辊

轧辊是轧制过程的重要工具，也是工具中价格最贵的用具，如何合理使用是本节讨论的重点。

8.1.1 轧辊的分类

（1）按用途分为热轧辊、冷轧辊两大类；

（2）按轧辊生产方式分为铸铁辊、铸钢辊、锻钢辊、硬质合金辊等；

（3）按用途分为支撑辊、中间辊、工作辊、立辊等；

（4）按辊径分为大型辊（辊径不小于1m）、中型辊（辊径不小于400mm，小于1m）、小型辊（辊径小于400mm）；

（5）按轧辊结构分为空心辊、实心辊、组合钢辊、堆焊辊等。

8.1.2 使用中对轧辊的要求

8.1.2.1 热轧辊

热轧辊在高温条件下工作，一方面承受高温，同时承受较高的轧制压力。轧制过程会产生摩擦热、变形热等，为保证正常工作，需对轧辊进行冷却、润滑，使轧辊又承受急冷，所以它的工作条件十分恶劣，为提高热轧辊的使用寿命，对提供的热轧辊提出以下要求：

（1）具有良好的抗热应力性能。对铜及铜合金热轧而言，开轧温度高达1150℃，低也在800℃左右，一直处于高温状态下工作，各道次轧制时轧件出轧辊又经水冷却，因此辊面承受的热应力很大，要求轧辊能耐热裂，具有好的热稳定性及热疲劳性，同时耐急冷急热性好。

（2）具有良好的耐磨性能。

（3）具有良好的强度及韧性。由于热轧辊工作时承受反复弯曲应力、咬入时的冲击力等易导致折损。

（4）合理的表面硬度。肖氏硬度一般控制在50～60之间，过软不耐磨易出辊印，过硬易产生热裂。

8.1.2.2 冷轧辊

冷轧辊工作时的受力状态极其复杂，有弯曲应力、剪切应力、轧制变形时产生的热应力、轧件入口出口速度与变形区轧辊表面速度不同出现相对滑动而产生的摩擦应力，轧辊在制造、重磨及使用中产生的热应力及相变应力，同时，由于辊内温度梯度的变化所引起的温度应力等，因此对冷轧辊的制造、重磨及使用均有严格要求。

（1）工作时能承受大的动、静压力。

（2）要求工作辊表面具有高硬度，以保证轧件表面的粗糙度。初、中轧机上选用HS为90±1、精轧机HS为95±1；支撑辊辊面硬度一般选用HS为70±1。同时具有高的耐磨性能，而轧辊内部具有高韧性、高强度。

（3）辊面有足够的淬火层深度，以提高轧辊的使用寿命，同时从辊面表层到中心层的过渡区应较缓和，防止过渡区应力过大。

（4）具有好的热稳定性、耐热疲劳及耐冲击的性能。

（5）具有好的抗事故性能，如断带折辊、局部冲击、粘辊等。

（6）表面具有好的耐剥离性，因轧机运行时工作辊与支撑辊之间的接触应力是压、拉反复应力，易产生表面层剥离，所以要求有高的回转疲劳强度。

（7）具有好的耐压扁性及耐腐蚀等性能。

(8) 无材质缺陷。

要求轧辊具有上述的综合性能，才能提高轧辊的使用寿命。

8.1.3 轧辊使用过程易出现的问题及原因分析

8.1.3.1 热轧辊

热轧辊常损坏的形式有以下几种：

(1) 折断。热轧时轧辊表面不可避免发生热裂，热裂纹尖部易出现应力集中，在超压下时由于弯曲应力、冲击力的作用，热裂纹沿辊身圆周方向热裂纹扩展而折断。如果热轧开始时内外温差很大，产生热应力更易导致轧辊折断，尤其是冬季更应注意，必要时要进行预热，如图 8-1 所示。

图 8-1 热轧辊折断的示意图

(2) 龟裂。热轧辊表面由于高温及冷却水的急冷急热出现反复的拉伸、压缩使裂纹向两侧突起，当裂纹中间咬进轧件的氧化皮时突起更为明显，氧化皮剥落后轧辊表面出现网纹状的凹坑。此处因疲劳而发生热裂又称龟裂，网纹过大直接影响轧件的表面质量，若不及时将网纹磨削去会使裂纹扩大而出现掉皮，以致磨损更大，甚至报废。热裂的深度随冷却条件和轧辊材质的耐热特性而变，同时龟裂的临界温度与表面硬度有关，一般表面硬度高，龟裂的临界温度就低，但表面硬度过低又易出现辊印（又名面包辊）及耐磨性能差的问题，所以合理选择辊面硬度十分必要。

（3）环裂。又名脆性断裂，属轧辊制造过程形成的，铸件内有缺陷，随着受力使缺陷不断向外扩大形成环裂线直至断裂。脆性断裂的断面呈条纹、凹坑式，如图 8-2 所示。

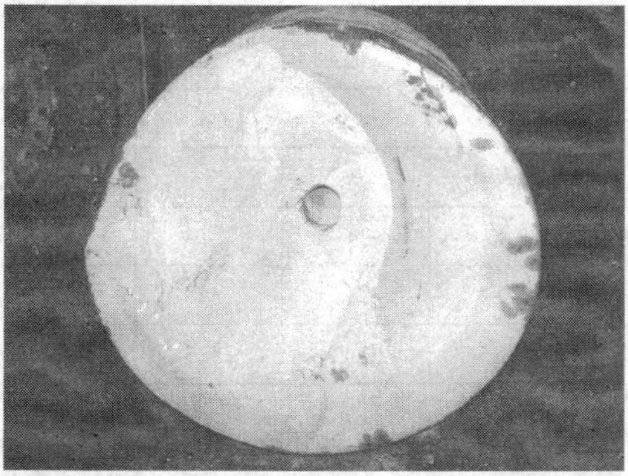

图 8-2 热轧辊脆性断裂的示意图

（4）辊面出现黑皮式小片，自行脱落。这是由于组织中存在脆弱渗碳体的碳化物，当轧辊表面层达到塑变温度时，会使黑色氧化膜剥落、热裂，呈流星状的鳞皮群，使表面粗糙。

8.1.3.2 冷轧辊

冷轧辊按用途分为支撑辊、中间辊、工作辊，平时损坏、消耗量最大的是工作辊，现以四辊轧机工作辊为例说明。曾对某厂部分轧机运行五年中工作辊损坏情况的统计，如表 8-1 所示。

表 8-1 工作辊损坏情况的统计（根数）

序号	损坏原因	工作辊规格/mm × mm				合 计	
		$\phi600\times1000$	$\phi400\times1000$	$\phi250\times800$	$\phi150\times400$	数量	占总数的比例/%
1	大面积剥落		45	11	11	67	28.63

续表 8-1

序号	损坏原因	工作辊规格/mm × mm				合　计	
		φ600 × 1000	φ400 × 1000	φ250 × 800	φ150 × 400	数量	占总数的比例/%
2	粘裂	1	5	26	41	73	31.2
3	辊颈弯曲			1	31	32	13.67
4	辊面软		12	10	8	30	12.82
5	辊与接轴包死				3	3	1.28
6	正常磨损		9	7	5	21	8.97
7	辊颈处折断	8				8	3.42
8	小计	9	71	55	99		
9	占总量的比例/%	3.85	30.85	23.5	42.3	234	100

从表 8-1 看出，正常磨损消耗的工作辊仅占损坏辊的 9% 左右；而因断带后导致局部粘辊引起的辊面剥落占到 31%，辊面非粘而大面积剥落的占 28% 以上，二者是轧辊损坏最主要的原因，其次小辊因辊轴受轴向及弯曲双力作用而导致弯曲变形而报废的为 13% 左右，也是可观的数据。下面重点分析主要的损坏原因。

（1）轧辊辊面大面积剥落的原因。如图 8-3 所示，该辊仅工作四个班就损坏了，其原因：

1）轧辊制造过程留下的残余应力过大。冷轧辊的表面组织一般由马氏体、残余奥氏体及球状碳化物所组成，制造过程因淬火时急冷

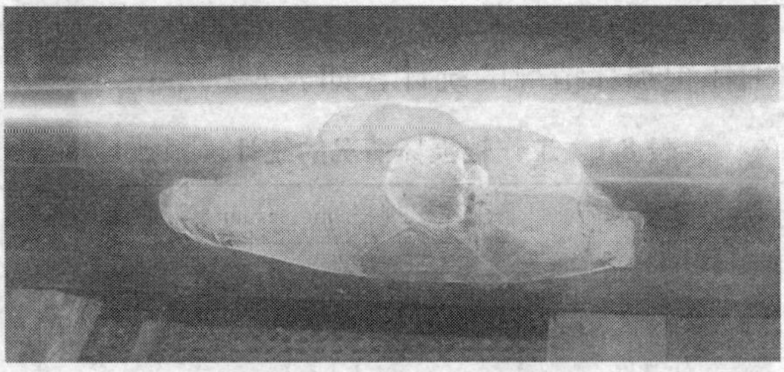

图 8-3　轧辊辊面大面积剥落的示意图

产生热应力残留在辊面表层呈压应力，而辊中心呈拉应力，如图 8-4 所示。当基体到淬火层表面过渡得愈陡，过渡段的残余应力越大，损坏越快，有的新辊未工作放置阶段就出现大面积剥落。同时，制造过程若留下非金属夹杂或缺陷成为破坏源，工作中不断向外扩大而形成贝壳状的疲劳破坏。

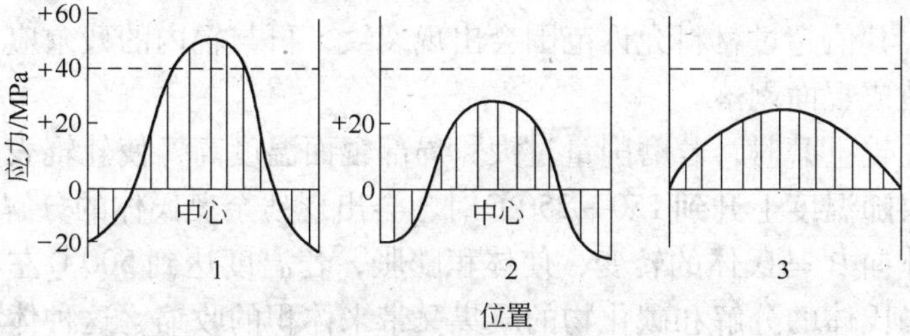

图 8-4 轧辊热应力分布示意图

1—轴向方向；2—圆周方向；3—直径方向

另外，热处理过程马氏体的相变所产生的相变应力随工艺条件不同而不同，若控制不好其值也很大，如图 8-5 所示。辊表面层为拉应力、中心是压应力，当此值超过材料的屈服极限时，会使轧辊严重破坏。

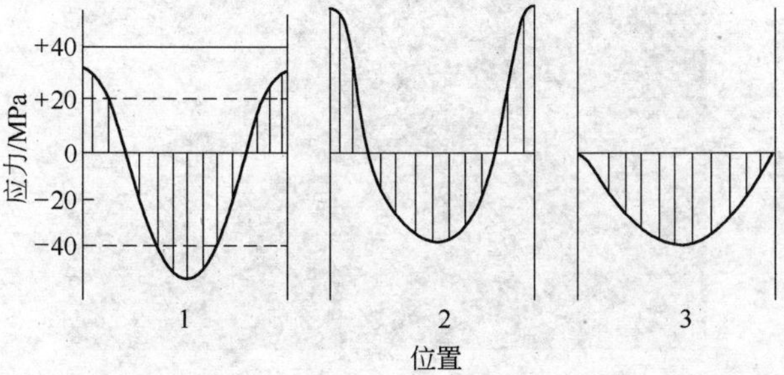

图 8-5 相变应力分布示意图

1—轴向方向；2—圆周方向；3—直径方向

2）使用过程出现的剥落。轧制时因两侧辊缝不一样，带材在辊缝中出现跑偏，严重时导致折辊甚至断带，此处轧辊局部会承受高温、高压，温度可高达1083℃。当温度高于700℃时，轧辊表面的马氏体组织会发生相变，随之带来体积变化（因奥氏体体积小，马氏体体积大），产生相变应力，如图8-5所示。因奥氏体的收缩导致辊面出现裂纹，严重时发生龟裂与剥落。

轧制过程若冷却条件差，轧材的变形热会使辊温上升，若轧辊停止运行，会因温度的急剧变化（尤其是冬季），使表面承受较大的拉应力，其值超过材料允许范围会出现裂纹，再与辊内的残余应力叠加很易造成辊面剥落。

轧辊重磨时，若磨削量过大，局部辊面温度高，使轧辊表面的马氏体层随温度上升到150～250℃时，会出现残余奥氏体的分解及由α马氏体向β马氏体的转变，使体积膨胀，若温度达到500℃左右，会出现马氏体的分解和碳化物的凝集又带来体积的收缩，这种体积变化必留下磨削裂纹，若未将裂纹及时磨去，工作时随着受力，表面承受交变的压应力、拉应力，使裂纹发展成疲劳裂纹并逐渐扩大而形成带状的疲劳破坏。

（2）轧辊因粘铜而导致损坏。一般轧制C22000、C51910等发黏的品种，断带时最易粘辊，使轧辊局部烧伤，温度可高达1083℃，如前面所述，出现马氏体的分解而导致辊面裂纹，如图8-6所示。

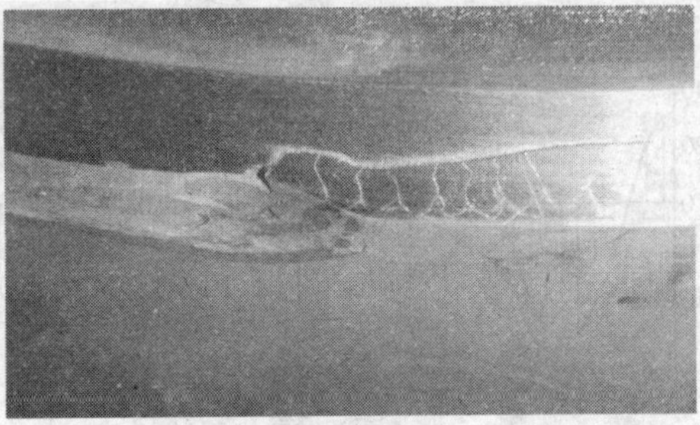

图8-6　轧辊辊面因粘铜而导致损伤

（3）辊面硬度偏低或分布不均。轧辊辊面硬度的高低直接影响它的耐磨性能及使用寿命。辊面硬度低，轧辊上会很快地形成辊印及切伤，以致轧材上留下印痕；辊面硬度过高，淬火层残余应力大，易导致辊面碎裂和剥落，所以应根据轧件表面要求及具体生产条件来选择最适宜的硬度值。一般工作辊的硬度值是肖氏硬度 95±2、支撑辊为 70±2。影响辊面硬度的因素较多，关键在以下两方面：

1）与化学成分有关，碳含量高表面硬度高，但过高易造成疲劳破坏。同时要调整好碳化物微粒在马氏体内的含量，一般控制在 0.6%左右为好。

2）与热处理方式及工艺参数选择有关，如淬火方式不同所获得的表面硬度及淬火层深度差异很大，某厂曾对 ϕ165mm×350mm 的辊进行不同淬火方式试验，其结果见表 8-2 所示。

表 8-2 不同淬火方式的比较

序 号	项 目	淬火方式	
		工 频	双 频
1	辊面硬度值的波动（肖氏硬度）	±5	±2
2	残余奥氏体的含量/%	24	12
3	淬火层深度/mm	6	12
4	过渡区的宽度/mm	20	36～40

从表 8-2 看出，轧辊双频淬火方式所获性能均比工频好。热处理后若残余奥氏体的含量高硬度就低，它若分布不均匀必带来硬度的不均匀，因奥氏体的性质软韧，所以要设法减少残余奥氏体的含量，或通过热处理使残余奥氏体分解为组织致密的马氏体，马氏体具有很好的耐磨性、高的抗拉强度及高的硬度，当它进行低温退火时由正方晶格的 α 马氏体转变为立方晶格的 β 马氏体，并伴随有渗碳体或碳化物析出而形成比较稳定的组织。

（4）在辊颈处折断（辊身与辊颈交界处）的原因。从表 8-1 看出，对该类辊均在此处损坏，原因有以下两方面：

1）轧辊制造过程留下破坏源，如夹杂、气孔、偏析等缺陷，在外力交变应力作用下缺陷不断扩大而折断；另外热处理时，因辊身与辊颈的表面硬度要求不同，热处理条件也不同，在此断面会留下拉应力，当拉应力与工作应力叠加超出允许范围就会折断。

2）工作过程轧辊承受较大的冲击力，尤其是轧件跑偏，某侧会出现较大的压力及扭力，很易超负荷，当超出允许范围会在此处断辊。另外由于上下辊径差太大，轧制时在辊与减速箱间产生封闭力矩，其值较正常力矩大几倍，当超出允许范围同样在此处断辊。

8.1.4 工作中提高轧辊使用寿命的措施

轧辊在铜板带生产中不仅是重要的工具，而且，在运行成本上也占有相当比例。购置轧辊平均吨重价格达到4.5万元，因此，提高轧辊使用寿命是提高产品表面质量、降低成本的重要环节。

(1) 合理选择轧辊材质，选用具有较好特性的钢材，并添加改善性能的微量元素，如硅、镍的加入起到细化组织的作用，不仅能提高轧辊的耐热性，同时，可提高轧辊的抗裂性能及强度；铬的添加能改善轧辊的淬火层深度、提高耐磨性能，减少回火时的收缩量，降低辊内的残余应力；钼的添加能改善淬火性能、防止脆性；钒的微量加入对细化奥氏体晶粒有效果。如何选择，应从轧辊的工作要求及提高使用寿命着手。

(2) 严格控制轧辊制造过程带来的内部缺陷及残余应力，保证足够的淬火层深度及均匀、合格的表面硬度，精确的几何尺寸及精度。

(3) 轧辊工作的全过程（包括进厂检验、自然时效周期等）都要有严格的管理制度、使用规范及磨削制度。

1）新辊上轧机后第一个班轧前应慢速回转并进行预热，以减轻制造过程留存的残余应力。

2）重磨辊刚从轧机上卸下（卸前一直在工作），要在室温下放置8h以上再进行磨削，使轧制时的高应力消除一部分，否则磨削的新应力与轧制应力叠加，轧辊损伤快，使用寿命会下降；另外，重磨完的轧辊不能立即上机使用，也需放置8h以上，消除一部分磨削应力，以提高轧辊的使用寿命。

3）轧辊在轧机上运行，严防急停车，停车前应缓慢回转一段时间，或者用粘垫包住热辊面，使辊面温度慢慢降低，否则因急冷急热而使轧辊损坏，尤其是冬季更应该注意。

4）轧机在运行时要保护好轧辊，严防出现以下情况：

①防止轧机空转时轧辊严重压靠，否则辊面会产生高的表面应力。

②轧机应配置断带保护设施，出现断带能立即停车，严防断带时料堆积在辊缝间，导致轧辊局部出现高温、高压而损坏。同时，操作员要有高的技能及责任感，严防带材轧制时出现跑偏、压折现象。

③在高速轧机上轧制时，要配有对轧辊及轧件充分冷却的设施，以保证辊温均一不出现过热。

④轧辊磨削时应严格磨削工艺，根据辊面光洁度的要求控制好每次的磨削量，不易过大，尤其是精磨应采用无火花磨削，同时砂轮材质、粒度及转速的选择也至关重要，磨削时的冷却液种类、浓度及用量也不可忽略。它们都是提高轧辊使用寿命的环节。

8.2 刀具

刀具是铜及铜合金板带生产中不可缺少的工具，其种类繁多，如铣刀、下切剪剪刀、圆盘剪剪刀、废边碎边剪刀等。

8.2.1 铣刀

为获得边部及表面清洁、光滑、无划伤、刀痕、无尖峰等缺陷，同时厚度均匀的坯料、铣刀质量及机列的装备精度都是至关重要的。

(1) 铣刀的分类。用于铜及铜合金的铣刀均采用螺旋刃铣刀，它具有切削轻快、平稳、效率高等优点，螺旋角通常选 30°~45°。为提高面铣的表面质量及尺寸精度，增加铣刀直径、增多刀刃的排列数，直径从原来的 ϕ200mm 增大 ϕ300mm 以上；排列数也从原来的 12 列提高到 18 列以上。

铣刀从结构分有整体刀（刀片与刀轴为一整体，刚度大，但不经济，用于小直径铣刀上）、刀片镶嵌式铣刀（又称机夹式铣刀）、刀片焊接式铣刀；从材质分有高速工具钢、硬质合金钢两类。铣刀的材质必须具有良好的切削性能、耐磨性、硬度及耐热性，一般选用如 W18Cr4V、W12Cr4V4Mo 等高速工具钢。机夹式铣刀结构是在螺旋形刀片的背面和铣刀轴的装刀槽内设有螺纹，用螺纹咬合使二者定位，刀片用楔形块及螺钉夹紧，该结构的特点是刀片磨完后刀轴仍可反复使用，一旦某刀片损坏可单独更换，保持铣刀直径不变，但其缺点是配刀难度大，因要求几百个刀片调到同样高度，加上固定用的楔形块及螺钉磨损、变形影响铣刀装配精度，也会影响铣面质量；若将刀片以焊接方式与刀轴固定，该结构的优点是刀具齿槽宽度小，可减小铣刀直径，同时刀片与刀身焊接一体，刚度大、稳定性好，磨后铣刀精度高，能保证铣面质量。但刀片若个别损坏，焊接需专机及具有该类专门技能的操作员完成，在一般使用厂家难以解决，尤其是硬质合金刀片虽硬度高、耐磨性好、使用寿命长，但性脆、易损坏，要求来料带坯的质量高，不允许夹任何硬质的外来物，否则易打刀。

（2）铣刀使用及重磨过程易出现的问题：

1）铣刀使用过程易出现的问题及原因分析：

①部分刀片刃部损坏，主要因热轧带坯表面局部有硬物压入，铣削时铣刀在高速下旋转，刀片遇到该物必使刀刃碰伤（甚至掉块，尤其是硬质合金刀片会出现脆裂）；硬物来自步进炉炉底，如炉底垫铁局部脱落、垫铁的氧化物及耐火材料等硬块黏附，另外，曾出现热轧辊道上未清除净的硬物带入热轧带坯中，这一切都应严格管理，不允许任何硬物带入。

②铣削工艺参数选择不当，吃刀量过大，刀刃磨损快易卷刃，使带坯表面发毛不光滑，会直接影响成品的表面质量。

③铣后带坯表面刀花大、易粘削，与铣刀直接有关的因素是刀轴结构设计不合理，如螺旋线排列数过少、断削槽的参数及结构选择不当、抽削系统密封不好等原因所致。

2）铣刀的磨削。铣刀磨削质量的好坏直接影响铣面质量，由于铣刀螺旋式的特殊结构，要求在专用的铣刀磨床上进行磨削，对磨床的功能、精度、砂轮结构、自动化程度均有严格要求。

①将需要磨削的铣刀，预先清洗干净，轻放在磨床工作台托瓦上；

②用油石贴在铣刀的前角上，将上次铣面时的“粘铜”、“刀瘤”修磨干净；

③铣刀前角一般换新刀时要磨好，以后重磨时主要根据被铣材料修磨后角即可，第一后角为5°~8°、第二后角为7°~10°；

④磨削时冷却液的用量必须保证将磨削的火花完全熄灭；

⑤要求铣刀磨后精度达到以下指标，如表 8-3 所示。

表 8-3　铣刀磨后精度

序号	内　容	精度要求	
		面　铣	边　铣
1	径向全跳动/mm	0.02	0.03
2	螺旋线不等分累计误差/mm	0.001	0.001
3	锥度误差/mm	0.02	0.03
4	表面粗糙度 R_a/μm	0.5	0.5
5	同轴度/mm	0.025	0.01
6	角度精确度/(°)	±1	±1

8.2.2　带材剪切用刀具

主要是圆盘剪刀轴、剪刃等的制造精度，剪刃质量好坏直接影响成品的边部质量及尺寸精度。

8.2.2.1　对刀轴及剪刃的质量要求

剪切时刀片受到挤压、弯曲和磨损，因此要求刀片必须具有足够的强度、耐磨性和韧性，并保证有高的硬度（刀片硬度 HRC 一般为 61 ±1）。

（1）对刀轴制造精度的要求：

1）轴间端跳：不大于 ±0.002mm；

2）轴肩与轴身的垂直度：不大于 ±0.002mm；

3）轴身与轴头的同轴度：不大于 ±0.001mm。

（2）对圆盘剪剪刃的精度要求：

1）厚度公差：不大于 ±0.001mm；

2）直径公差：不大于 ±0.001mm；

3）平行度：不大于 ±0.002mm；

4）平面度：不大于 ±0.002mm；

5）内外径同轴度：不大于 ±0.01mm；

6）研磨后的表面粗糙度 R_a：不大于 0.1μm。

配刀用的隔离环精度与剪刃精度要求相同，从上组数据看出，若要切出高精度的带材，刀具精度至关重要。

8.2.2.2　刀具的使用与维护

（1）使用中注意事项：

1）剪切前，根据被切材料的品种、状态、规格及质量要求，由专人进行配刀。配刀前检查工具（除剪刃外，包含隔离环及橡胶环）的尺寸、锋利性及清洁度，刀片上不允许附有污染物和锈点，否则直接影响配刀精度；刀配完后若有条件应先用同品种、状态、规格的样料进行试切，合格后方上机使用。目前在发达国家已通过软件进行配刀，若要实现软件配刀，必须保证每个配刀部件的精度、清洁度，同时对工具要严格管理。

另外，配刀时侧间隙及重叠量的选择十分重要，否则不是啃伤刀具就是带材边部质量不合格。

2）剪切中严防液压锁紧螺母压力不足或流量不足而松动，若松动会改变侧间隙，导致啃伤刀具，直接影响剪切质量。

3）剪切工具使用中会磨损，需定期进行修磨。修磨刀片的机床一定是高精度的外圆磨床；每次磨削时刀片相叠后的总长度要小于250～300mm，不能过多。因一次磨削刀片过多会影响机床的刚性，同时将组刀片装在专用的磨刀轴上，对要求高的可选用膨胀心轴，以减少刀片内外圆偏心。

砂轮在每次磨削横向返程前不能出头，若出头刀刃磨的受力系统就要消失，造成两端刀刃磨不好、砂轮精度也会丧失。

（2）刀具的管理与维护：刀具的管理与维护的好坏直接影响刀具的使用寿命及精度，应做到井井有条，而不是杂乱无章。

1）必须配备工具架，工具架的高度要适中便于操作工取、放；同时工具架要按工具类型分类，工具架上的搁置杆要微上翘并包有软性橡胶以避免损坏刀具。

2）工具在上架前要做好标记或零件清单，标明厚度及“+”、

“-”、“0”的数量，内圆、外圆直径及表面质量；取拿时要特别小心，严防碰伤刀口。

3）要求存放刀具的库房有足够的空间，能控温、控湿、密封，室内形成正压，避免灰尘进入。

4）刀具用后要用干净的布擦拭，再上防锈油。刀片若要叠放，取刀时平移，不能让刀刃与刀面接触。

9 铜及铜合金精密带材生产中的质量控制

铜及铜合金精密带材在生产中如何进行质量控制是企业成功与否的重要环节，因产品质量是企业发展的生命线；尤其是在现代科学技术飞速发展的今天，市场竞争的实质就是质量竞争，如何适应市场对产品质量的要求，就是我们控制质量的目标；提高铜及铜合金精密带材的质量，包括工艺过程的各个阶段，即从金属熔炼到加工变形、热处理及精整、包装等，它涉及到许多方面，不同行业对不同用途的产品，其控制质量的内容及指标差异很大，所以在生产中必须深入了解产品的用途及要求，有的放矢地进行质量控制。

9.1 铜及铜合金精密带材生产中质量控制的主要内容

铜及铜合金精密带材生产过程质量的控制能力是体现整个企业的管理水平，职工队伍的素质及装机水平。控制产品质量的主要内容可分为五类：

（1）化学成分的控制。这项工作一般按国家标准执行，对同一品种、不同国家化学成分标准有所差异，主要在杂质含量上，而主成分的差异很小。若用户有特殊要求，可按用户要求提供（当然是在生产厂家可行的范围内）。

（2）尺寸精度的控制。它是指所提供的精密铜带纵向厚度均匀性的控制（即厚度公差的控制精度）、横向厚度差的控制、宽度及长度公差的控制、侧弯、卷曲、扭曲、横向弯曲及边部毛刺等。

（3）板形的控制。板形控制实际就是指带材沿宽度方向不均匀变形的控制。

（4）性能及内部组织的控制。范围较宽，其中包括物化性能、力学性能、电磁性能、导热性能以及材料内部的高倍组织、织构等，不同产品对性能及内部组织要求的内容有所侧重，这都取决于材料使用中的要求。

（5）表面质量的控制。表面质量的控制内容更为广泛，不同用户、不同用途对表面质量要求差异很大，也是质量控制中难度最大的一项工作。

9.2 铜及铜合金精密带材生产中板形质量的控制

板形是铜及铜合金精密带材质量控制的重要指标，随着我国电子、汽车制造业的迅猛发展，对材料行业的质量要求愈来愈严。特别是近年来（20 世纪 90 年代后），AGC 系统的不断完善及广泛采用，对板带的纵向厚度精度要求越来越高，板形问题变得日益突出，尤其是电子工业用材料对板形要求日趋严格，因板形的好坏直接影响冲制产品的质量、效率及冲制品的成材率。据测算，由于每年板形不良造成的经济损失十分可观，所以，解决精密铜带板形质量是一项具有巨大经济意义的课题，但解决该课题的难度又非常大，因轧制过程影响铜带板形的因素多而复杂，并且相互干扰。

9.2.1 板形定义及影响因素

所谓板形，是指板带坯料经平辊轧出后，将轧件放置平台上目测是否平直，有翘曲或波浪称板形不良，即显示铜带内部存在残余应力；如何评价板形好坏，要根据用途和对产品的要求决定。

轧件在轧制过程中要受外因和内因的影响：外因如摩擦条件、轧辊直径、张力、轧制速度、弯辊力、轧辊磨削及磨损、轧件及轧辊温度等轧制条件变化；内因如金属本性（包括金属的内部组织、性能等），供坯纵、横向厚度波动等。内、外因均会导致轧件沿纵、横（宽）向产生不均匀变形。板形的好坏主要取决于轧件在轧制过程中，宽向不均匀变形程度。由于轧件在变形区中变形时，边部有宽向流动的趋势，所以边部的纵向流动较中部慢，如图 9-1、图 9-2 所示，边部易产生拉应力，而中部产生压应力；同时由于边部有宽展趋势，

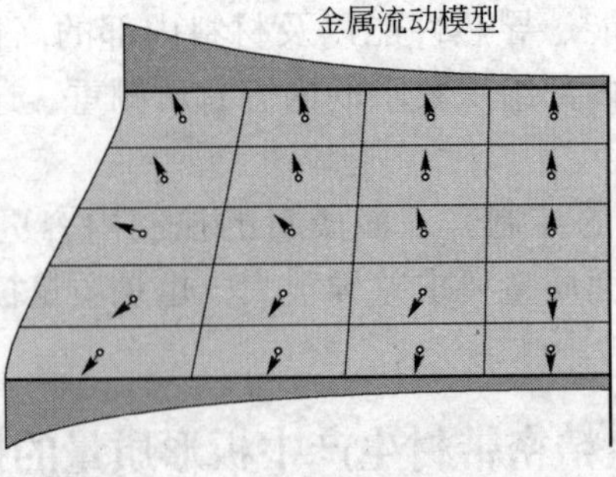

图 9-1 轧件在变形区中金属沿宽向流动模型图

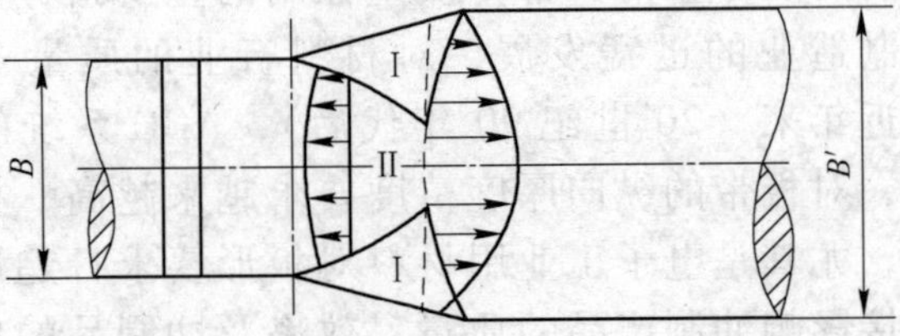

图 9-2 轧件在变形区中金属沿宽向流动示意图

使边部的单位压力较中部低。轧件轧制时沿宽向的应力分布状况如图 9-3 所示。

从图 9-3 看出，压应力沿宽向是边部低、中间高。Ⅰ区、Ⅱ区的应力、应变状态如图 9-4、图 9-5 所示。由图 9-4*a* 可以看出，Ⅰ区边部无宽向延伸时，呈三向压应力状态，而图 9-4*b* 为边部有宽向延伸，引出拉伸状态的拉应力，使单位压力降低。Ⅱ区沿宽向无延伸，单位压力势必增高。由于轧件在轧制过程中沿宽向应力及变形状态有此特性，所以势必会在带材边部发生减薄的物理现象，而影响轧制压力的因素，也会影响工作辊的压扁分布，并导致边部减薄。由于边部减薄量直接影响到边部剪切损失的大小，与成材率有密切的关系，所

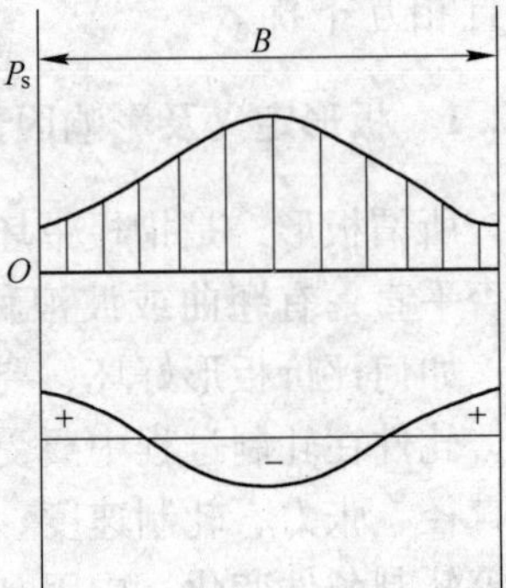

图 9-3 轧件轧制时沿宽向的应力分布

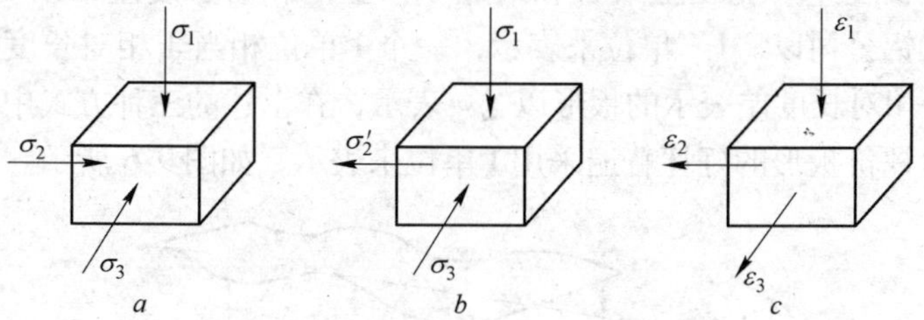

图 9-4 Ⅰ区轧件应力、应变分布图

a—边部无宽向延伸的应力状态；*b*—边部有宽向延伸的应力状态；*c*—应变状态

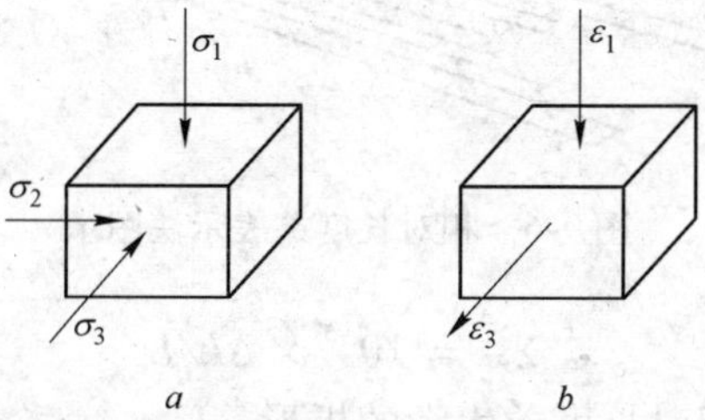

图 9-5 Ⅱ区轧件应力、应变分布图

a—应力状态；*b*—应变状态

以，控制好板形，是减少边部减薄量的重要手段。

9.2.2 板形的表示方法

所谓板形，直观说是指带材的翘曲程度，就其实质而言，是指带材内部残余应力的分布。定量地表示板形，是生产中衡量板形质量的需要，也是研究板形问题和板形自动控制的前提条件。因此，人们从不同的研究角度及不同的板形控制概念来定量地描述板形。现就常用的表示方法介绍如下。

9.2.2.1 相对长度差表示法

如图 9-6 所示轧后翘曲铜带的外形，该轧件由于边部产生较大延伸而出现严重边浪。不同国家选用不同单位来表示，英国采用的单位是“蒙”(mon)，1 蒙相当于相对长度差乘以 10^{-4}；美国是用百分数来表示相对长度差（宽度上最长和最短纵条上的相对长度差乘以 100%）；加拿大铝公司以“I”单位来表示，一个 I 单位相当于相对长度差乘以 10^{-5}。相对长度差表示的板形以 $\sum st$ 表示，在上述的三种方式中，用于检测及评价板形的好坏普遍采用 I 单位来表示，如图 9-6 所示。

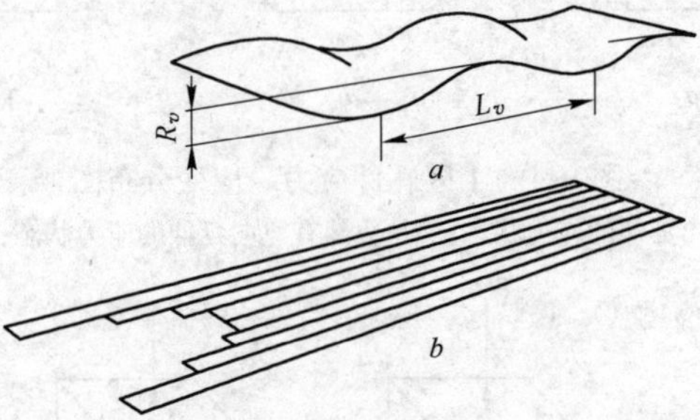

图 9-6　相对长度差表示法图示

$$\sum st = 10^{-5} \times \Delta L/L \qquad (9\text{-}1)$$

式中　$\sum st$——相对长度差表示的板形，I；

L——单位长度，m；

ΔL——表示将 1m 长的轧件切成 10mm 宽后，宽向上最长、最短的纵条长度差，mm。

9.2.2.2　波形表示法

波形表示法在无板形仪的情况下，测量板形较为方便，即以直接测量翘曲度 λ 来表示板形，如图 9-7 所示。

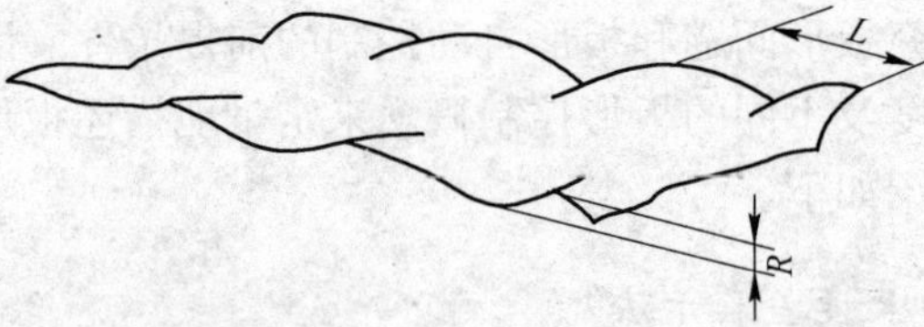

图 9-7　波形曲线

翘曲度 λ 的表示式为：

$$\lambda = R/L \times 100\% \qquad (9\text{-}2)$$

式中 R——波形高度，mm；

L——波形周长，mm。

从图9-7看出，其曲线按正弦规律变化。上述两种方法可通过参数换算相互转换，即只要测出带材波形，就可求出相对长度差，其换算式为：

$$\Delta L/L = (\pi^2/4)\lambda^2 = 2.465\lambda^2 \tag{9-3}$$

9.2.2.3 厚度相对变化量差表示法

厚度相对变化量差表示法是一种比较简单的方法，它以边部和中心两点厚度相对变化量的差来表示板形的变化，它主要在模拟计算中用来描绘某些外扰对板形的影响。其板形以参数 S_h 表示：

$$S_h = \Delta h_c/h_c - \Delta h_e/h_e \tag{9-4}$$

式中 S_h——厚度相对变化量差表示的板形；

Δh_c——带材中心厚度的绝对变化量，mm；

h_c——带材中心厚度，mm；

Δh_e——带材边部厚度的绝对变化量，mm；

h_e——带材边部厚度，mm。

当 $S_h=0$ 时，说明带材板形无变化；$S_h>0$ 时，向边浪方向变化；$S_h<0$，向中心浪方向变化。该值可表示板形的好坏及带材波形的性质。

板形表示法除上述常用的三种外，还有矢量法、残余应力表示法及带材断面形状的多项式表示法，这些方法测量及计算较为复杂，一般生产中很少使用。

衡量板形是否合格，取决于用户对产品板形的要求，一般轧制产品的板形可控制在50~100 I单位，若采用了合理的控制手段，还可提高到15~25I单位。当然，采用板形自动闭环控制后，还可进一步提高到10 I单位左右。

9.2.3 板形缺陷与应力分布的关系

铜及铜合金精密带材的板形缺陷要依据内应力的分布规律及翘曲

情况来分类，根据多年铜带生产中的试验及观察，板形缺陷及对应的应力分布关系如下：

（1）两边波浪，如图 9-8 所示。当轧件沿宽向边部延伸大于中部延伸时，必然产生双边波浪，此时带材双边受压应力，而中间承受拉应力。

当 $L_e > L_c$ 时，ΔL 为正，其中，L_e 为边部长度，mm；L_c 为中部长度，mm；ΔL 为边部与中部的长度差，mm。

（2）中间波浪，如图 9-9 所示。轧件沿宽向中部延伸大于边部延伸时出现中间波浪。此时带材双边承受拉应力，而中间承受压应力。即 $L_e < L_c$，ΔL 为负，其中，L_e 为边部长度，mm；L_c 为中部长度，mm；ΔL 为边部与中部的长度差，mm。

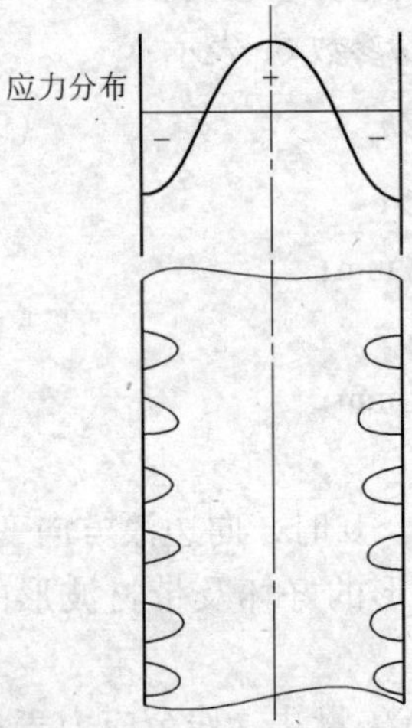

图 9-8　两边波浪与应力的关系

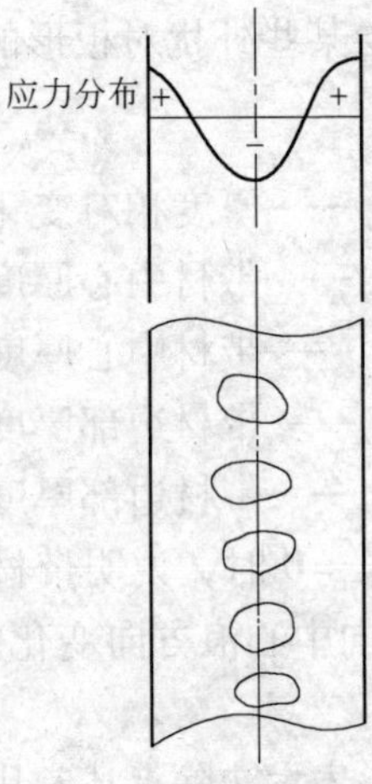

图 9-9　中间波浪与应力的关系

（3）二类波浪，如图 9-10 所示。轧件沿宽向的 1/4、3/4 处延伸大于边部及中部所致，在 1/4、3/4 处承受压应力，边部及中部承受拉应力。

（4）人字形波浪，又称鱼刺形的排骨波浪或称松树枝状波浪，如图 9-11 所示。该波浪的形态（波形长短、间距、分布位置等）是随轧制条件变化而变，其特点间隔均匀，亮、暗分明，大部分分布在中部，也有在 1/4 处。这是由于带材上出现剪切应力所致。该类缺陷在薄带轧制中最易出现（尤其在多辊轧机上），而且在轧机上较难解决。

（5）单边波浪，即单边浪。轧件沿宽向一侧延伸大于另一侧时

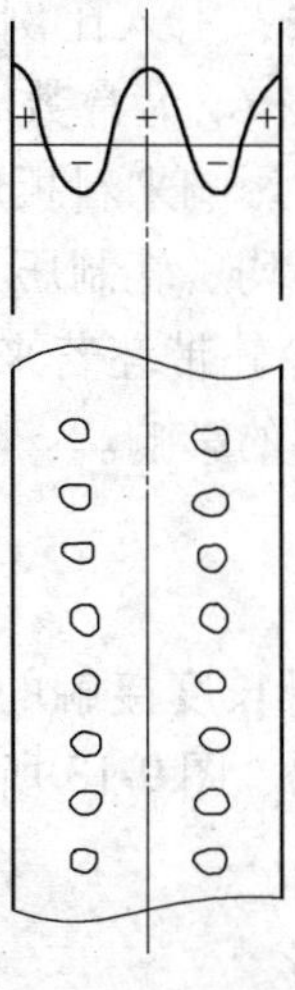

图 9-10 二类波浪与应力的关系

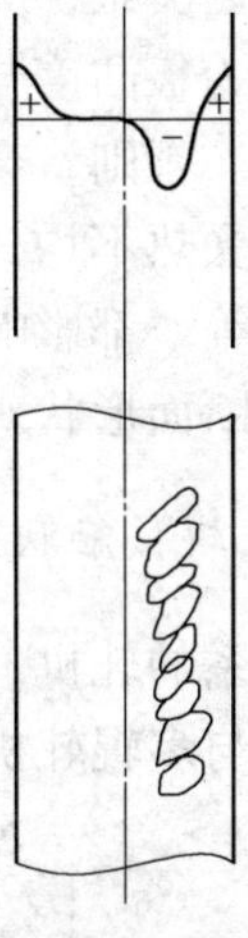

图 9-11 人字形波浪与应力的关系

产生单边波浪，而在边浪部位承受压应力，另一侧承受拉应力，该类波浪若不及时调节会引起跑偏，严重者出现压折。

（6）复合波浪，指即有单边波浪又有二类波浪，或上述 2 ~ 3 种浪形组合而形成的波浪。

9.2.4 轧制时产生板形缺陷的原因分析

轧件在轧辊中轧制时，凡影响辊缝形状的诸因素都是影响板形的因素。为了解轧制过程工作辊间的辊缝形状，必须了解轧辊受力时的负荷分布规律。轧辊受力时，会由于弯曲力和剪切力而引起变形，同时辊面接触会引起局部的表面变形，它们的变形均带来辊缝形状的变化，其他影响辊缝形状的因素还很多，现从以下六个方面来分析。

9.2.4.1 来料板形的影响

来料板形的好坏直接影响成品板形，它是获得良好板形的重要条件，即要求来料断面形状和轧制时承载的辊缝形状相匹配。在此，要提到一个新概念——板凸度。板凸度即为板中心处厚度与边部代表点（除去边部减薄区）处厚度之差，以 S_h 表示。因轧件厚度与板形、板凸度有密切关系，为了将这个因素考虑进去，引入比例凸度（C_p）的概念，它为板凸度与轧件平均厚度之比，当 C_p 为常数时，就可获得良好板形。否则，会带来新的不均匀变形。影响来料板形的因素很多，如轧件受热不均、轧辊温度分布及磨损不均、轧制压力及轧辊热凸度的变化等，都影响来料板凸度的变化。冷轧带坯若来自双面铣，铣后带坯横断面形状对成品板形有着至关重要的影响。

9.2.4.2 轧辊接触状态对板形的影响

不同辊系的轧机，工作辊与支撑辊沿辊身长度接触的状态不同，如四辊轧机与多辊轧机差异相当大，如图 9-12、图 9-13 所示。

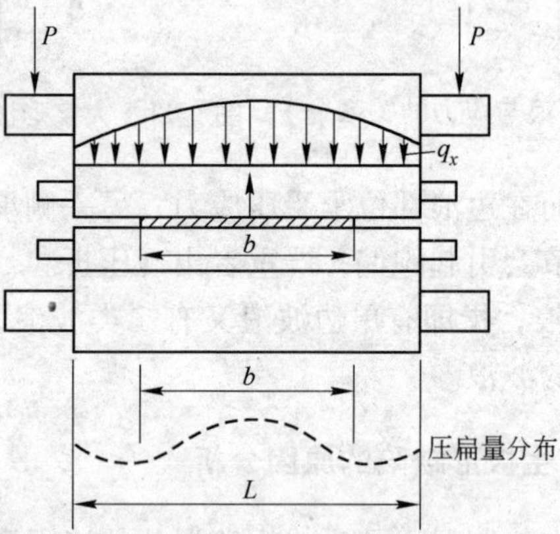

图 9-12 四辊轧机轧制时轧辊间的接触状态

现以四辊轧机为例，从图 9-12 看出，其接触负荷（q_x）的分布是不均匀的，中间负荷大、边部小，使中间压扁增加，中间轧件厚度势必大于边部厚度。这种厚度的不均匀分布与轧件宽度对辊身长度之比值有关，比值愈小，不均匀愈人；又与支撑辊辊径对工作辊辊径之比有关，比值愈小，不均匀愈大；同时在板宽范围以外的区域，辊间压力会形成一个有害的弯矩，它使轧辊产生多余的弯曲，引起轧辊变形。轧辊的初始凸度发生变化，辊缝形状也随之改变，直接影响轧材的板形。

另外，在二十辊轧机上，当第一中间辊轴向移动时，辊间的受力状态完全改变，如图 9-13 所示。移入部分受力大，移出部分受力小，

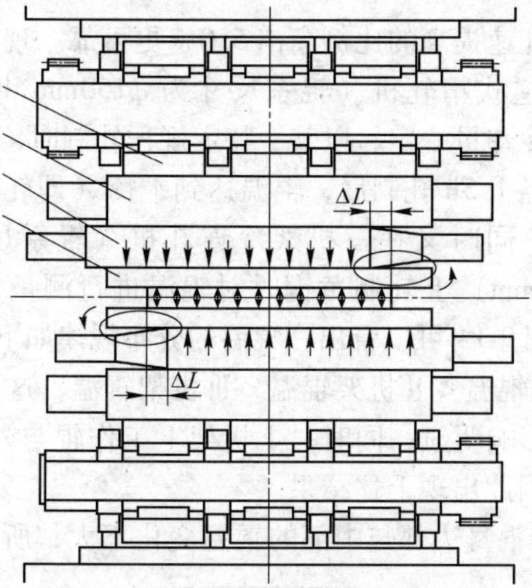

图 9-13 二十辊轧机轧辊的接触状态

1—支撑辊；2—第二中间辊；3—第一中间辊；4—工作辊

它必改变辊缝形状，使轧出带材的板形也随之发生变化。

9.2.4.3 轧制过程中辊型变化对板形的影响

轧制过程，由于条件的变化使轧辊原始磨削辊型发生变化。变化的原因有内因和外因，内因是金属在轧制过程中的形变热使辊温上升（称轧辊的输入热）。外因有两个：

（1）金属相对轧辊滑动产生摩擦热，也使辊温上升（轧辊的输入热）。与此同时轧制过程的冷却润滑液及空气又从轧辊中带走部分热量（称轧辊的输出热）。这一切均使原始辊型发生变化，结果导致辊缝形状改变。这部分变化对板形的影响最大，尤其在薄带轧制时表现更为突出。在此，首先讨论辊温的变化，辊温升高会导致轧辊受热膨胀，其膨胀量取决于轧辊的输入热与输出热之差。一般冷却液可带走 56.9% 的热量，轧件带走 14.2% 的热量。当然上述关系与被轧金属本身的性质有关，同时与轧制条件有关。总的说来有以下规律：随道次加工率增大、轧制速度加快、辊面粗糙度增高，均会使辊温上升速度加快；另外冷却条件的好坏也直接影响辊温的变化，建议冷却液的增加量要比轧速提高的比例高出 5.0% 更可靠。现举例说明，某厂曾经在四辊可逆式精轧机（辊系尺寸为 ϕ150mm/400mm × 400mm）进行试验，当冷却量一定，以某一特定规程轧制时，使用磨后的工作辊轧黄铜时，经 1.5h 轧制后，辊温达到平衡（即轧辊热膨胀量保持一个稳定值）。同时又在三机架冷连轧机（辊系尺寸为 ϕ400mm/1000mm × 1000mm）上轧制黄铜时对辊温进行测量，辊温变化如图 9-14所示。从图 9-14 可以看出，辊温的分布规律如下：

1）Ⅰ机架辊温 < Ⅱ机架辊温 < Ⅲ机架辊温，这是由于 $V_1 < V_2 < V_3$，即轧速的影响明显；同时，Ⅰ机架上工作辊与外界接触面积大，易带走热量，因此出现上述结果。

2）支撑辊辊身边部与中部的辊温变化不大，所以分析辊温对辊

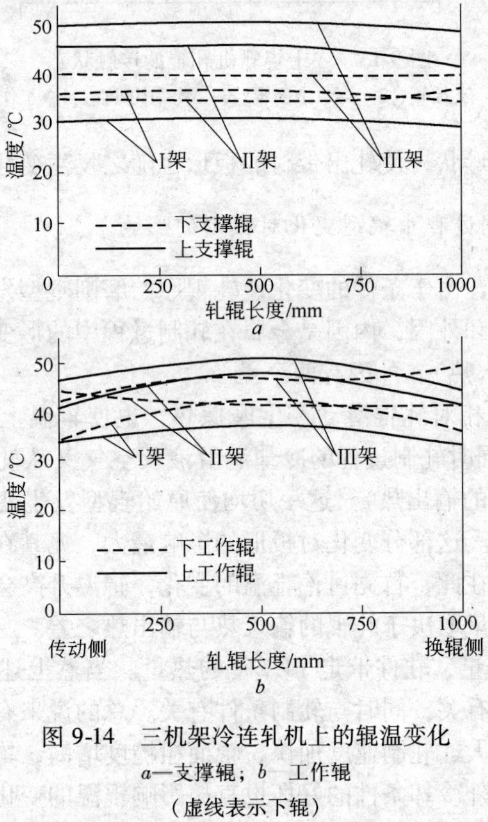

图 9-14　三机架冷连轧机上的辊温变化

a—支撑辊；*b*—工作辊

（虚线表示下辊）

型影响时，主要考虑工作辊。

3）沿辊身长向的温度分布，换辊侧较传动侧低一些，这与传动侧散热条件稍差有关。

4）Ⅱ、Ⅲ机架的上工作辊的辊温比下工作辊的辊温高，这是因为下工作辊冷却液的流量大(还含有上工作辊流下的冷却液)，带走热量多。

（2）轧件轧制时的受力不均使轧辊出现不均衡磨损。轧件在轧制过程原始磨削辊型的不均匀磨损也直接影响横向辊缝不均匀分布，如图9-15所示。该图示出在某厂四辊可逆式轧机轧制宽度为215mm黄铜带，通过量为85t后，对上工作辊辊型磨损进行测量，该轧机的辊系尺寸为ϕ150mm/500mm×400mm。从图9-15看出，辊面工作部位磨损均匀，每吨产品平均磨损3.2μm；轧件边部磨损较快，每吨产品平均磨损5.0μm。磨损的快慢取决于辊面硬度，其磨损速度与辊面硬度的关系如图9-16所

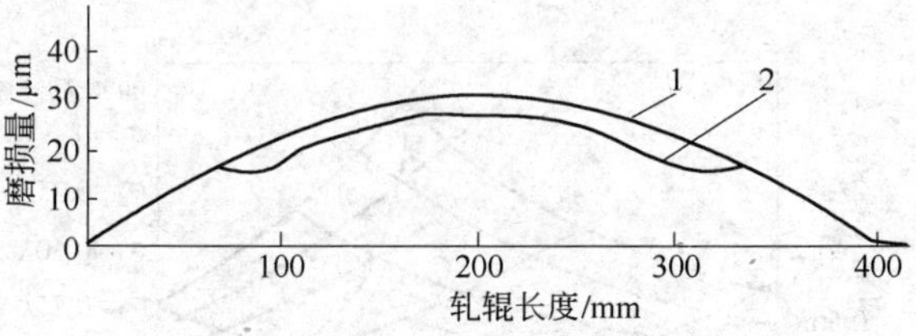

图9-15 工作辊辊身磨损曲线

1—新磨辊型曲线；2—磨损后的辊型曲线

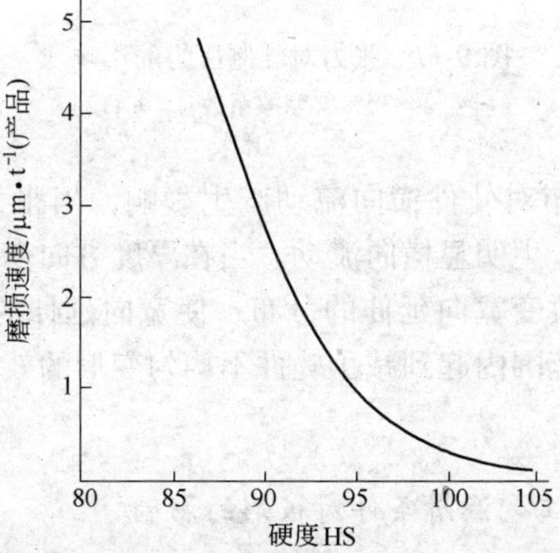

图9-16 工作辊辊面硬度与磨损速度的关系

示。支撑辊磨损慢,一般磨成平辊,但时间长也会呈凹形,因此定期磨削十分重要。当然，工作辊辊面硬度也不易过高，因辊面硬度要求过高，轧辊制造厂一般采用辊面局部淬火，这样会因辊面淬火应力过大而导致爆辊，建议精轧机工作辊辊面硬度选肖氏硬度 95 ±2 即可。

9.2.4.4　张力变化对板形的影响

张力对板形的影响反映在以下几方面:

（1）张力改变影响轧辊的热凸度，特别是后张力影响更大。因而调整张力是控制板形的一种手段。

（2）张力变化影响轧制压力波动，根据轧制理论分析，张力变化对轧制压力影响很大，尤其是后张力的影响更明显，如图 9-17 所示。轧制压力的变化必导致轧辊弹性变形发生变化，结果对板形产生影响。

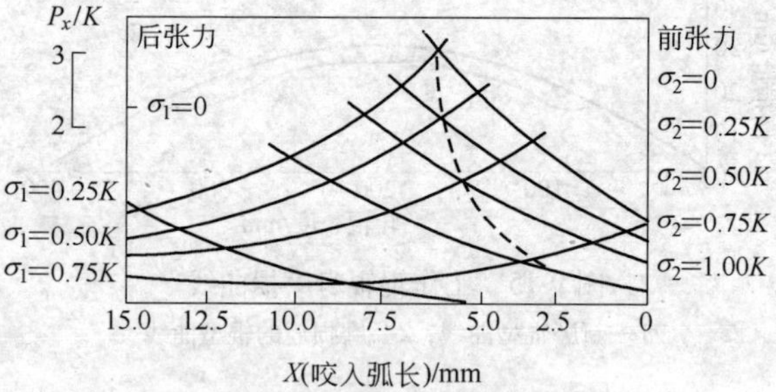

图 9-17　张力对轧制压力的影响

（应变 $\varepsilon=30\%$，摩擦系数 $\mu=0.112$）

（3）张力分布对轧件横向流动产生影响，当张力沿横向分布不均时，会使轧件产生明显横向流动。当在厚度方向变形时，由于横向流动的结果必然改变宽向延伸的分布，使宽向延伸的不均匀性减小，也就是说在一定范围内起到减小轧件不均匀变形的效果，使板形得到改善。

9.2.4.5　轧制中工艺润滑条件对板形的影响

工艺润滑条件指的是轧制中冷却润滑剂材质的选择和数量的配

置，以及工作过程状况的变化，这些都直接影响轧件在轧制中的板形好坏，它与轧件在辊缝变形区内的润滑状态相关。当轧制压力过大，润滑不足时，发现由于局部烧黏，在光泽差的部位出现称之为黏附型的鱼刺形黏附伤。当轧制压力低，润滑过剩时，在光泽差的部位容易发生称之为油坑型的鱼刺形油坑，如图 9-11 所示。只有润滑状态处于边界润滑时，变形区内的摩擦系数才能保持稳定，才能使板形得到明显改善。如图 9-18 所示，曲线 1 当干摩擦时，摩擦系数高；而曲线 3 因乳液润滑，使摩擦系数明显下降。

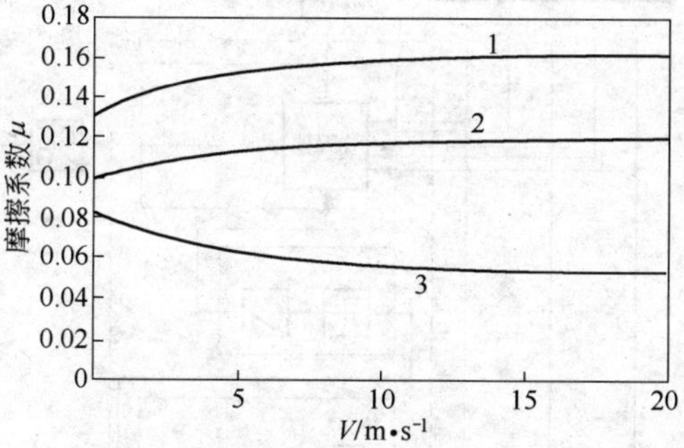

图 9-18 润滑状态与摩擦系数的关系

1—干摩擦；2—水润滑；3—乳液润滑

9.2.4.6 带材纵向厚度不均对板形的影响

纵向厚度的波动直接影响带材的形状，当调整厚度时必然会改变轧制力沿辊缝的分布，也导致轧辊弹性变形的变化，即影响辊缝形状，使板形发生变化。

9.2.5 铜及铜合金精密带材轧制中的板形控制

上面简述铜及铜合金材精密带轧制中的各类板形缺陷及影响因素，如何解决是下面要讨论的问题。随着科学技术的发展，电子技术、液压技术在工艺生产中广泛应用，控制好铜及铜合金带材轧制过程中的板形，手段愈来愈多。由过去凭经验，人工手动调节相关参数（如压下量、冷却量、张力等）发展到人工给定开环调节，到目前已发展到通过板形测量进行全自动板形闭环控制。无论手动或自动均要通过以下环节进行调节，现分述如下：

（1）倾斜调节。当轧制带材出现单边浪时，若选人工控制，操作工要及时、准确地调节单侧压下，否则会出现跑偏压折，使板形恶化以致断带。经统计由此原因造成的废品占工艺废品的15%以上。若选自动控制，可通过信号进行辊缝的平衡与调节，如图9-19*c*所示。

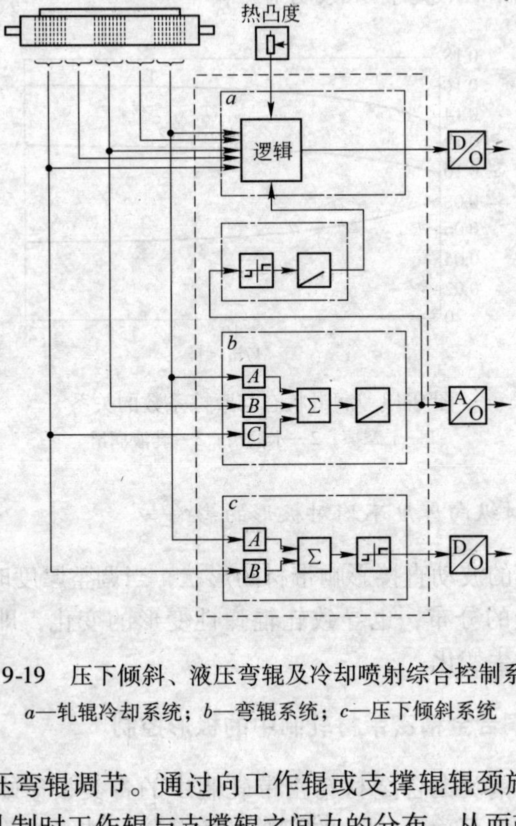

图9-19　压下倾斜、液压弯辊及冷却喷射综合控制系统

a—轧辊冷却系统；*b*—弯辊系统；*c*—压下倾斜系统

（2）液压弯辊调节。通过向工作辊或支撑辊辊颈施加液压弯辊力，来改变轧制时工作辊与支撑辊之间力的分布，从而改变辊缝宽向的分布，其弯曲分为正弯曲与负弯曲，如图9-20所示，控制系统见图9-19*b*。

该方法主要为克服前面所述，轧件在四辊或四辊以上轧机轧制

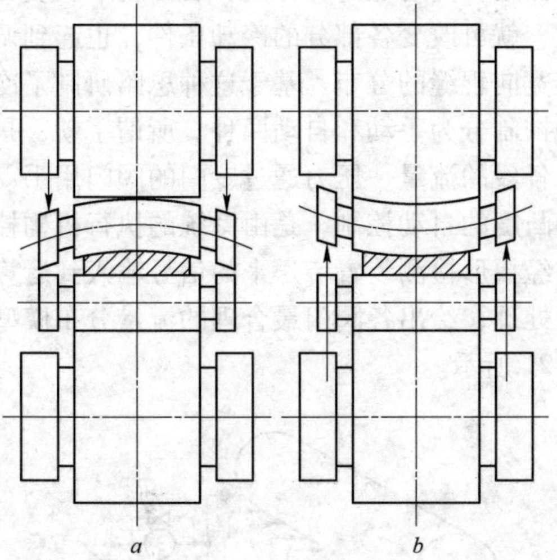

图 9-20 作用于工作辊上弯辊力示意图

a—负弯曲；*b*—正弯曲

时，因轧辊接触压力的不均，在板宽范围以外形成一个有害弯矩，它使轧辊发生多余的弯曲，为抵消这个有害弯矩引起的轧辊变形，采用液压弯辊的方式来解决。它主要解决或减轻对称性的板形缺陷，当出现双边浪时选用正弯，出现中间浪时选用负弯。最大弯辊力一般取最大轧制压力的 5% ~10%，根据轧件实际板形合理选择弯辊力的大小。若弯辊力选得合理，可使横向厚差减小 20% ~25%，生产率提高 5% ~7%，轧辊使用周期提高 15% ~20%。但弯辊力若使用不当可能产生复合波浪而使板形恶化。采用正弯时对工作辊轴承的使用寿命有一定影响，现已将液压弯辊与轧辊平衡分开，把弯辊油缸装在牌坊的凸块上，而不直接装在轴承箱上。另外，对多辊轧机如二十辊轧机，还配置有支承辊凸度的分段控制，以补偿部分辊缝不均的影响。

（3）多辊轧机还设有中间辊的轴向调节，因中间辊的横向移动可有效消除不同带宽所带来的有害弯矩，提高轧机的横向刚度，大大增强薄宽带板形的控制能力以改善板形，见图 9-13。

（4）工艺冷却润滑液的调节。轧制过程使用的工艺冷却润滑液一方面起润滑作用，同时起冷却作用，若沿辊子长度方向改变冷却液的流量或压力，就可改变各部分的冷却条件，也起到调节轧辊热凸度的作用，改变宽向辊缝的分布。基于这种思路研制了冷却润滑液的区域控制，它的控制分为手动和自动两种。所谓手动，是将冷却液喷嘴分成若干段，各段的流量、压力通过专门的阀门用手动调节来实现控制；而轧辊热凸度的自动控制，是由系统的执行机构控制冷却液喷嘴阀门，该机构经板形检测装置传送来的信号输入到运算部分，然后对输入信号进行处理，给出各阀门最合理的流量分布模型，控制各阀的工作。如图9-21所示。

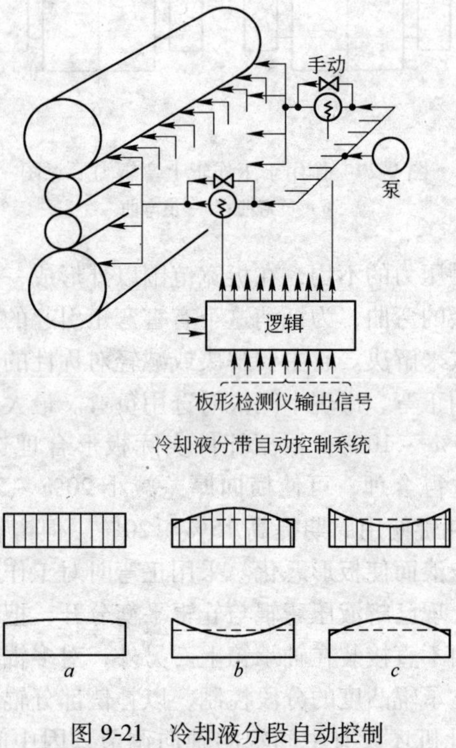

图9-21　冷却液分段自动控制

a—基准分布；*b*—热凸度减少；*c*—热凸度增加

（5）板形其他改善方法。随科学技术的发展，改善板形的新方法不断出现，如SMS公司曾开发的CVC工艺，将上、下辊磨成S形辊型，如图9-22所示。其优点：一次磨成的轧辊可代替多次磨成不同曲率的轧辊组；辊缝形状无级可调；轧辊挠度组合的调节范围大，变化多；对控制板形十分有利。即使二辊、四辊轧机均可选用。

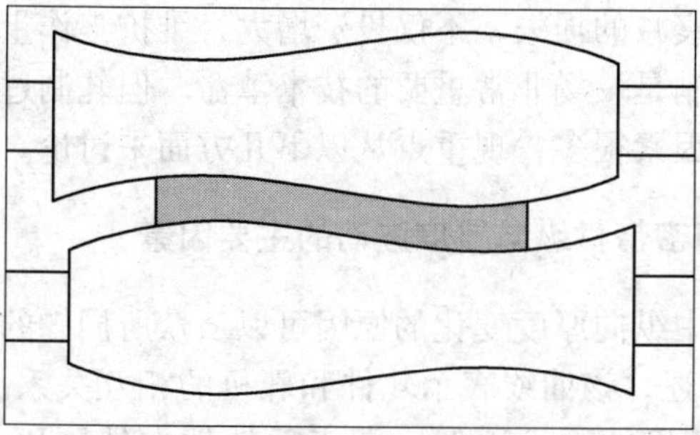

图9-22　S形辊型示意图（CVC）

除上面所常用的方法外，各国从事该项工作的科技人员还开发了其他改善板形的方式，具体可参考相关资料。

9.3　铜及铜合金精密带材生产中纵向厚度精度的控制

纵向厚度的波动往往直接确定了带材精度的等级,也是用户对产品提出的最重要的质量指标,同时还体现出科技发展的水平。其中精密铜带与普通铜带的界限也是以该指标来评定。因纵向厚度的精度直接影响用户的使用效果。作者曾经就紫铜C10200 0.25mm的浅海电缆带厚度偏差与电气性能的关系,对某电缆厂进行过调查,结果如表9-1所示。

表9-1　C10200 0.25mm浅海电缆带厚度偏差与电气性能的关系

序号	厚度偏差 (±)Δh/mm	波阻抗变量 (±)$\Delta z/\Omega$	固有衰减率 β'/%	通话路数 /根	内部不均匀性 P/%	占被测厚度的量(±)/%
1	0.015	0.4566	1.2	1800	2.7	12（6）
2	0.01	0.3926	0.8	3600	1.8	8（4）
3	0.0075	0.341	0.5	5400	1.33	6（3）
4	0.005	0.3	0.2	10800		4（2）
5	0.003	0.2	0.16	30000		2.4（1.2）
6	指标		<0.35			

注：$\beta' = (1+\Delta h)\beta$。

从表9-1看出，当尺寸精度达到被测厚度的±1.2%时，通话路数/根电缆，是尺寸精度为被测厚度的±6%的16.7倍，也就意味着0.25mm的电缆带精度高的一根可节约金属材料16.7倍。除此之外，固有衰减大的电缆带，为保证通话，在一根电缆中间还需加多个增音器以补偿固有衰减的损失，不仅投资增大，维护工作量也剧增。所以尺寸精度的控制是一场非常重要的技术革命。但轧制过程影响带材纵向厚度波动的因素很多，现重点从以下几方面来讨论。

9.3.1　影响精密带材纵向厚度波动的主要因素

带材轧制中纵向厚度变化的原因可以从众所周知的轧制弹塑性曲线图9-23来描述，该曲线表示轧件和轧机的相互关系。如图9-23中所示的K_m指轧机的弹性曲线，即表示轧件在轧制压力作用下轧机（包括辊系及其机架本体等机械部件）产生弹性压扁，它们加在一起所构成的弹性变形量，其关系近似于直线，将此斜率称为轧机的自然刚度（或称刚度系数），它的物理意义是使轧机产生单位弹性变形所需施加的负载，也可用下列公式表示：

$$h = S + P/K_{\mathrm{m}} \tag{9-5}$$

式中　h——轧件轧后厚度，mm；

S——轧辊辊缝，mm；

P——轧制压力，kN；

K_{m}——轧机刚度系数，kN/mm。

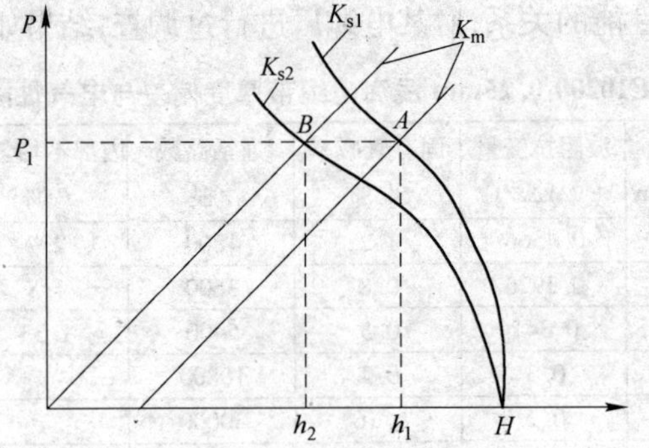

图9-23　轧制弹塑性曲线

图 9-23 中所示的 K_s 表示轧件的塑性曲线，当轧件的变形抗力增大时，曲线较陡，同样的轧制压力下，所轧轧件的厚度增厚，即 $h_1 > h_2$。轧制精密铜带时影响纵向厚度波动的主要因素有以下几方面。

9.3.1.1 轧制条件变化带来的影响

（1）轧制速度变化对纵向厚度的影响。轧速变化对纵向厚度影响较大，因轧速升高，轧件在变形区内产生的变形热及摩擦热来不及散去，辊温上升，轧辊受热膨胀，使辊缝减小，轧件变薄。特别是紫铜带变形热更高，曾有文献介绍在四辊轧机上的现场测试结果，紫铜带在现代高速轧机上轧制时，轧件在变形区内的温度可达到370℃，并使轧件的力学性能改变，强度下降，如图 9-23 中轧件的塑性曲线由 K_{s_1} 下降到 K_{s_2}，使出口厚度变为 h_2，$h_2 < h_1$；同时轧速的升高，会使摩擦系数降低（f' 降至 f），轧制压力随之下降，如图 9-24 所示，若在轧制压力不变时，摩擦系数降低，会使轧件变薄（由 h' 减至 h）；对于四辊轧机，当支撑辊轴承采用液体摩擦轴承时，随轧速升高，因液摩厚度的增加而使辊缝减小，轧件变薄，此时对厚度影响更大。由于上述原因，仅轧速变化，一般就会使轧件两头厚而中间薄，如图 9-25 所示。

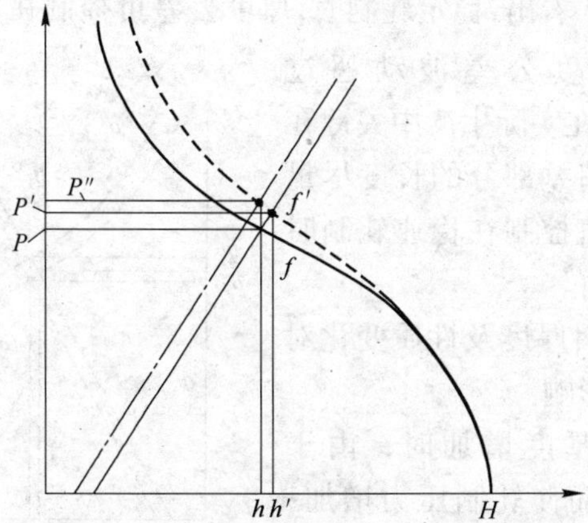

图 9-24　轧制速度变化引起摩擦系数的波动从而对纵向厚度的影响

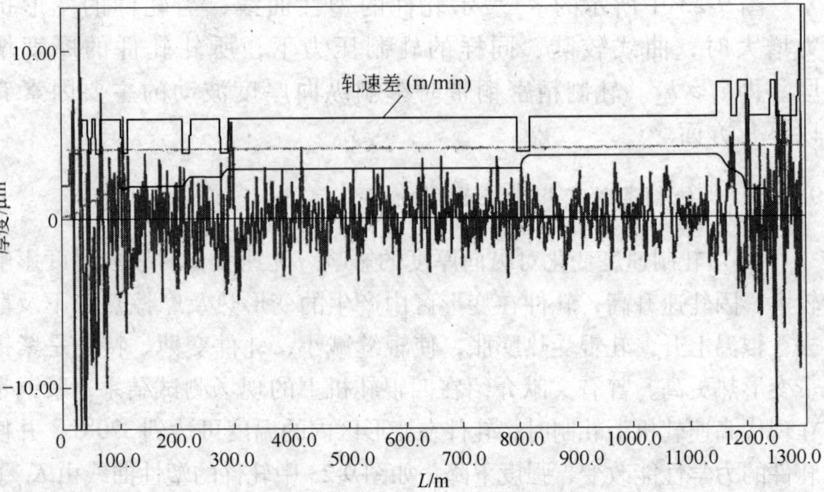

图 9-25 轧制速度变化对纵向厚度影响示意图

(2) 张力波动对纵向厚度的影响。轧件轧制过程张力的波动会直接影响轧制压力变化，随即轧辊弹性压扁量改变，引起辊缝变化，轧出厚度也会随之改变，尤其是后张力的影响更为明显，如图 9-26 所示。

从图 9-25 看出，稳定轧制时，厚度公差可控制在 ±0.005mm 以内，而头、尾厚度公差波动超过 ±0.01mm。在实际生产中关键在于将头、尾超差部分的长度尽量缩短，超差值控制在稳速轧制时的 1.5 倍之内。

(3) 来料厚度及性质变化对纵向厚度的影响。

当来料厚度增加时，由于压下量增加而使轧制压力增加，结果轧机弹性变形增加，因而不能达到原来成品的厚度，而

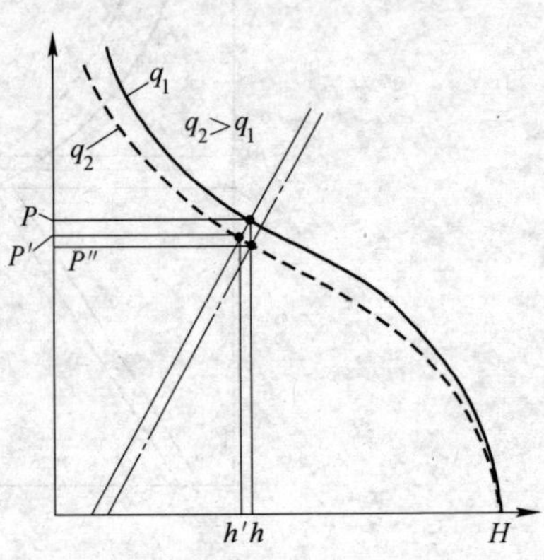

图 9-26 张力波动对纵向厚度的影响

使轧件出口厚度增加，这时就应调整压下，才能保持成品厚度不变。

又从图9-27看出，当来料的强度增高（虚线），轧制压力必增加，成品厚度也必增厚（从 h 增到 h'），要保持产品厚度 h 不变，就必须调整压下。

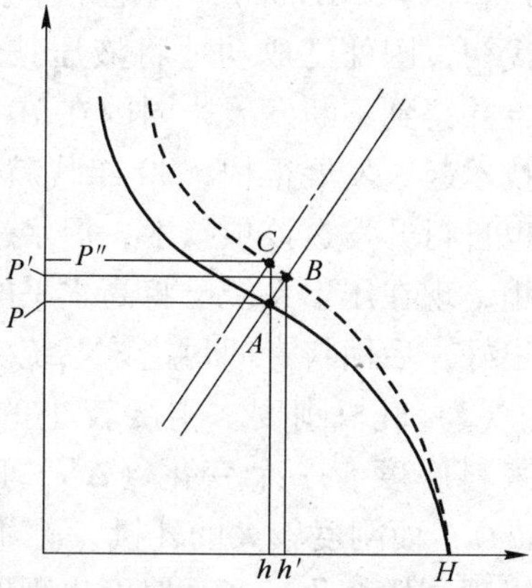

图9-27 来料性质对纵向厚度的影响

（4）压下制度选择是否合理对纵向厚度的影响。压下制度通常是根据材料特性、设备能力、板形好坏来选择，它对纵向厚度的影响主要是通过板形质量起作用。

任何轧制因素的影响都可用弹塑性曲线反映出来，而且一般来说，处于稳定状态的轧制过程是暂时的、相对的，而各种轧制因素的影响则是绝对的、大量的存在。所以利用弹塑性曲线分析轧制过程中造成厚差的各种原因十分方便，由式9-5可知，只要使辊缝（S）和 P、K_m 变化，都会造成厚度的波动。

9.3.1.2 设备的装机水平对产品纵向厚度精度的影响

设备的装机水平是反映轧机的综合性能，包括机械制造精度、结构形式、电气控制精度、检测精度及自动化控制水平等几方面：

（1）辊系（包括轧辊、轴承及轴承箱等）。其精度对产品纵向厚度精度的影响最直接，凡空载时导致辊缝变化的因素，如轧辊出现偏心或椭圆，会导致带材纵向厚度出现周期性的波动，对带材纵向厚度影响极大，所以必须严格控制轧辊制造及磨削的精度、轧辊轴承的制造及装配精度。另外，轧辊若出现弯曲、交叉、磨损等均会导致辊缝变化，所以都是不可忽略的问题。

（2）压下系统。其结构及控制精度直接影响辊缝的调节精度及调节速度，过去我国轧制铜带用的轧机，压下系统几乎都采用电动压下，这类压下方式惯性大、调节速度慢（4～12mm/min）、精度低

（分辨率为 0.01mm），满足不了用户对带材精度的要求。20 世纪 70 年代初，国外已成功地将液压技术、电子技术运用于轧机的压下系统，并得到不断发展；国内在 70 年代，从钢铁企业轧钢机上引进了该技术起，发展很快，80 年代就运用于轧制铜带的轧机上。过去虽然也自行开发过该项技术，但水平很低，故障率高，无法在大生产中应用，现在压下系统已将高水平的液压技术、电子技术加以运用，效果很好，后面将专门讨论该系统。

（3）轧机刚度。刚度较小的轧机，K_m 值小，如图 9-28*a* 所示，若来料厚度有一个变化（ΔH）时，产品厚度也相应出现一个变化（Δh_1），而刚度较大的轧机，K_m 值就大，如图 9-28*b* 所示，若来料厚度出现同样变化，产品厚度出现的变化 Δh_2 明显小于 Δh_1，所以往往选用刚度较大的轧机。当然，随自动控制技术的发展，可实现轧机刚度补偿来解决该问题。

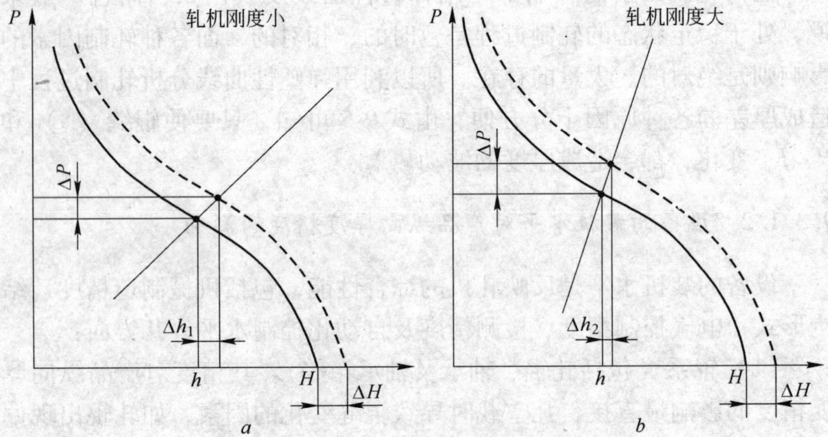

图 9-28　不同刚度轧机轧制情况

a—轧机刚度小；*b*—轧机刚度大

9.3.2　提高精密铜带纵向厚度精度的措施

提高精密铜带纵向厚度精度的措施主要有：

（1）在轧机上采用液压 AGC 系统。液压 AGC 系统在轧机上的成功应用，使产品纵向厚度精度得到大幅度提升。液压压下装置是一套由电子系统精确控制的液压装置，它主要由三部分组成：1）液压缸，它是液压压下装置的执行机构，要根据轧机结构及工艺要求设计制造；2）液压控制系统，包括高压泵站、伺服阀及管道等部分，是液压压下装置的动力源，为了保证整个系统具有优良的调节品质和伺服阀的正常工作，对该部分的要求是：足够的流量，稳定的油压，十分清洁的油液以及一定范围的油温控制等；3）电控系统，电控系统是保证整套装置按工艺要求进行工作，对轧制过程中连续测得的各种差数（轧制力、辊缝位置、轧速、厚度）进行综合运算，向电液伺服阀发出控制指令，驱动压下液压缸产生相应动作，调节辊缝开度，轧出高精度产品。

AGC 的电控系统主要由下列控制环节组成：

1）位置环节。位置环节是液压压下电控系统的基本环节，它的稳定性、快速性和精度，是整个控制系统调节品质的基础；它控制液压缸的位置到达期望值，并保持不变，不受轧制力变化的影响。DS 和 OS 两侧液压缸的位置分别采用增量式线性位移传感器来检测。

2）压力环节。压力环节是实现厚度自动控制的重要环节。在轧制过程中，在其他条件恒定的情况下，轧制力波动反映出坯料状态有所变化（H 或 K_s 值变化），根据弹塑性曲线带材必产生厚差 $\pm\Delta h$，根据关系式，将力的信号转换成相应的位置信号，以补偿指令的形式送入位置主回路，来调节辊缝，以消除或减小 Δh。

3）辊缝环节。以直接检测工作辊的辊缝来代替位置的测量，该方法可直接获得辊缝值，勿需考虑辊温及机架、辊系等的弹性变形对辊缝的影响。若辊缝测量精度高，厚度自动控制的精度也必提高；当然，辊缝仪的使用对工作辊测量环同心度有较严格的要求（$\leqslant \pm 2\mu m$），同时若轧薄带，因辊缝呈负辊缝状态，检测会不准，不能选用该方法。

AGC 的控制模式主要有 5 种：

1）监控控制模式（MC-Monitor Control）。实际上它是以出口厚度偏差信号作为反馈控制信号。经放大并考虑到带材硬度和轧制速度因素进行适当处理，后得到监控模式控制信号，对出口侧带材厚度偏差进行校正。其电路框图如图 9-29 所示。

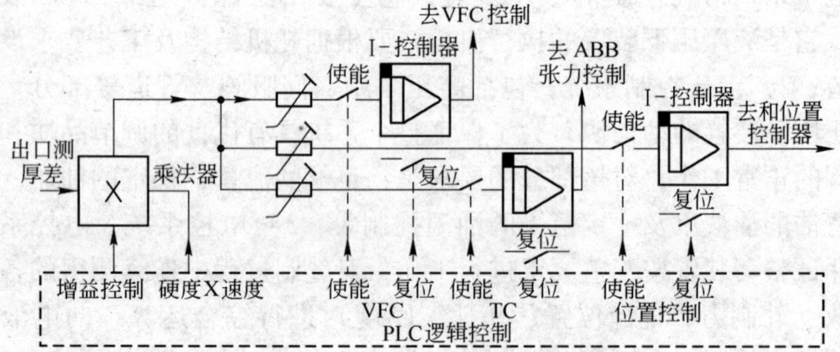

图 9-29　监控控制模式原理框图

2）前馈控制模式（FFC-Feed Forward Control）。主要用于补偿入口侧来料厚度偏差，将入口侧厚度偏差作为前馈信号，经过延迟处理，以便和轧机入口侧带材速度相适应，并得到前馈控制模式的 AGC 控制信号，然后对入口侧厚度偏差进行补偿，来保证出口侧厚度偏差不超出允许值，其电路框图如图 9-30 所示。

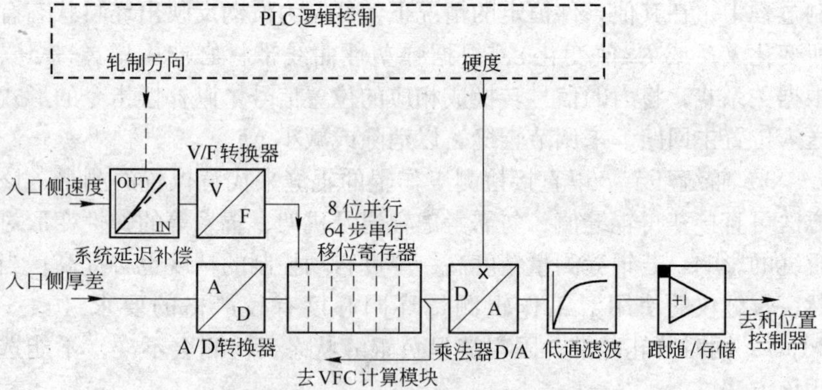

图 9-30　前馈控制模式控制原理框图

3）质量（体积）流控制模式（VFC-Volume Flow Control 或 MFC-Mass Flow Control）。该控制模式是根据带材轧制过程秒流量相等原理来实现 AGC 控制，在计算机和电子技术飞速发展的 20 世纪 80 年代末 90 年代初，已广泛应用于冷轧机上，国内新引进的轧机多装备有该技术，是一种较理想的厚度自动控制模式，它可以保证来料厚度偏差、轧机弹跳等各种因素引起的出口厚度偏差得到全面的补偿。而质量流控制模式在计算控制量时，需要输入的信号较多，用入口厚度偏差信号和原设定值信号得到入口侧来料的实际厚度信号，还要入口侧速度实际值信号计算出输入体积（质量）流。用出口侧厚度设定值和出口侧速度实际值信号计算出口侧体积流的期望值，它和输入的体积流（实际值）进行比较，得到出口侧厚度偏差信号。当假设从辊缝到卷取机带材速度是相等的条件下，用体积流比较求出的厚度偏差信号是不滞后的，它不像出口测厚度仪得到的厚度偏差信号具有滞后特性，因此用质量流控制模式可以得好的厚度控制质量。在运行过程，入口侧质量流和出口侧质量流两者之差产生控制信号，叠加到监控模式控制信号上，再经 PID 控制器得到 VFC 控制模式的控制信号。其原理框图如图 9-31 所示。

4）张力控制模式（TC-Tension Control）。主要用于薄带轧制，当轧制薄带时，若上下工作辊压靠，呈负辊缝状态，辊缝控制将不起作

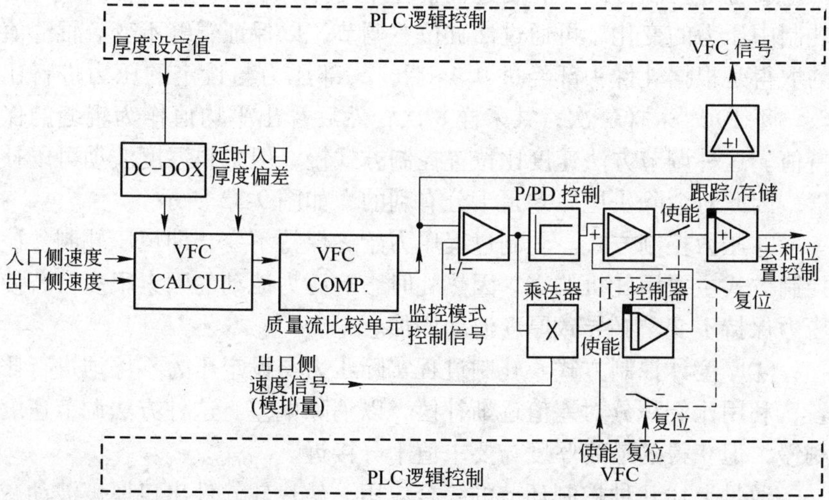

图 9-31 质量流控制模式控制原理图

用，在辊缝不变的情况下，采用后张力控制来补偿出口侧带材厚度偏差。

5）厚度计控制模式（GC-Gaugemeter Control）。该控制模式主要用于轧制铜及铜合金热轧带坯时选用；因铜及铜合金铸锭加热温度高，热轧时带坯温度也高、易氧化、厚度厚，用于检测带坯厚度的装置难以适应该工作环境，即使有价格也非常高。对在这类不配测厚仪的热轧机上，要轧出较高精度的带坯，国外某公司选用无滞后的厚度计厚度自动控制方法。即相当于把整个轧机作为测量厚度的厚度计，利用位置传感器测出轧件的基准厚度，同时测出轧制压力，然后按弹塑性方程导出厚度的修正值，并不断进行厚度修正。其缺点是不能精确地测出实际辊缝值，所以影响厚度的控制精度，它所选定的控制方式有以下几种：

①位置控制方式。这种控制方式是轧制过程油缸位置始终保持不变，其位置根据道次预设定的压力来确定，因此要求预设定的压力要准，轧出的厚度才能与目标值一致。这种调节属无滞后调节，调节速度快，但来料若温度波动过大，导致轧件塑性曲线斜率变化大，轧出厚度也随之波动，该方式适合于带坯温差小的情况。

②辊缝控制方式。轧制过程辊缝始终保持不变，若因各因素引起轧制中压力的变化，可通过油缸位置调节，以保证辊缝不变。辊缝值的取得是根据轧件头部经过 0.4s 后，头部压力与设定的压力进行比较，每 10ms 采样一次，共采样 8 次，然后算出平均值作为辊缝的保持值。这种调节方法速度比位置控制方式慢，但来料温度波动可以补偿，因此对消除头尾厚差是十分有利的，如图 9-32 所示。

③压力控制方式。轧制过程压力始终保持不变，即恒压轧制。该控制方式主要用轧机调零。因热轧时影响压力波动的因素很多，若使压力保持不变，必导致厚度波动增加。

④厚度计控制方式。轧制过程实际压力与设定压力不停地进行比较，利用比例积分对差值逐渐补偿，以消除偏差。这种方法调节速度稍慢，但获得的最终厚度与要求值十分接近。

通过上述几种控制环节的综合应用，使热轧轧件出口厚度波动减少，由改造前的 5% 降到 1% 左右；另外，该轧机的轧辊轴承采用的

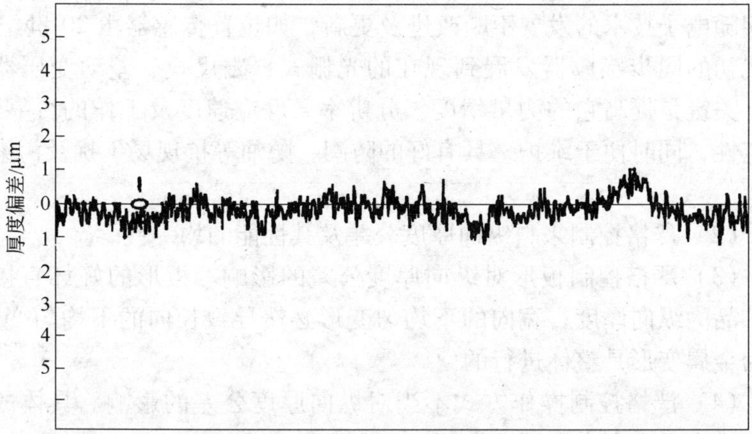

图 9-32　厚度偏差记录

液体摩擦轴承，轧制时因油膜厚度会随轧速改变而变，而直接影响辊缝的变化，为此增设了油膜厚度补偿系统，经实践证明效果良好。

除要掌握它的控制思想外，更重要的是要根据现场实际情况及不同的轧制道次选择合理的控制方式。如轧小锭时带坯短，要求调节速度快，最后两个道次选择①控制方式。当锭坯长向温差大时，因温差引起的压力波动大，所以选用④控制方式效果良好。若轧大锭时，由于带坯长，轧制过程内外因素的干扰大，应选用②、④两种控制方式来跟踪调节，以保证轧后厚度的控制。

上述控制模式在不同轧机上有不同的配置，根据轧机功能及产品厚度精度的要求，再考虑经济实用，来进行合理配置。如精轧机上，一般选用质量流控制模式，因厚度精度要求高，当然该技术也辅以前馈 AGC、监控 AGC 的使用，精度可控制在 0.5mm ±3μm，该精度是其他控制方法难以实现的。厚度偏差记录如图 9-32 所示。当然要达到该目标，速度、厚度检测元件的测量精度十分重要，如带材的速度测量中不允许出现打滑现象，在全油轧制的精轧机上，当高速轧制时，若选用偏转辊测速就易出现该现象，一般选用激光测速更有把握。

另外，位置、压力、厚度或辊缝等检测元件的选择也十分重要，它们随电子技术的发展不断改进及更新，如位置传感器由 20 世纪 70 年代初的同步感应器发展到现在的光栅式、磁尺式、差动变压器式等。关键是提高它的测量精度、分辨率、反应速度及工作的可靠性、稳定性，同时便于维护，具有好的防潮、防油等抗现场干扰及污染的能力。

（2）严格控制来料纵向厚度公差及其性能的均一性。

（3）严格控制板形对纵向厚度公差的影响。板形的好坏直接影响产品的纵向厚度，宽向的不均匀变形必然导致长向的不均匀变形，因为金属变形是整体进行的。

（4）严格控制操作方式不当对纵向厚度公差的影响。具体的操作方式主要表现在以下几方面：

1）轧制过程升降速时，采用阶梯式操作，必导致纵向厚度公差的来回波动，如图 9-33 所示。

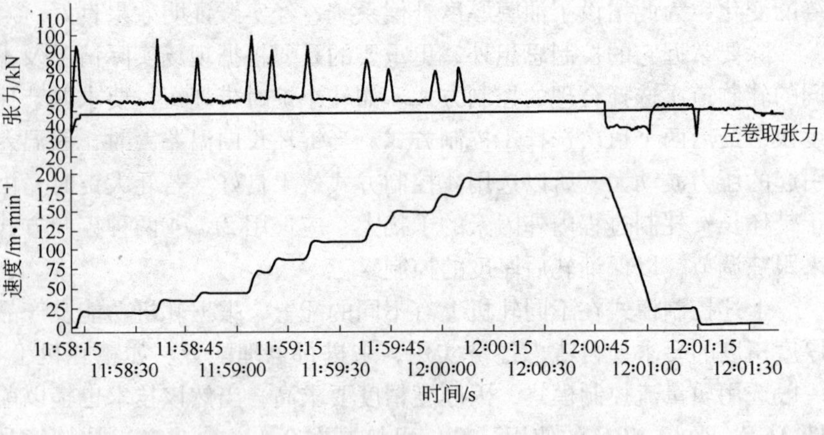

图 9-33　阶梯式升速对卷取张力的影响

因升降速时，若动态补偿跟不上必导致张力的波动，张力的波动又引起厚度公差的波动。

2）轧制过程调节弯辊力，同样会导致纵向厚度公差的明显波动，如图 9-34 所示。图中示出了在某四辊轧机上轧制紫铜 0.5mm ×

650mm 成品时的厚度波动曲线（选用辊缝厚度自动控制模式）。一般正常工作状态厚度波动在 ±3μm，当轧制中调节弯辊力时厚度波动在 ±10μm。因此，在稳速轧制过程中应尽可能不要调节弯辊力。

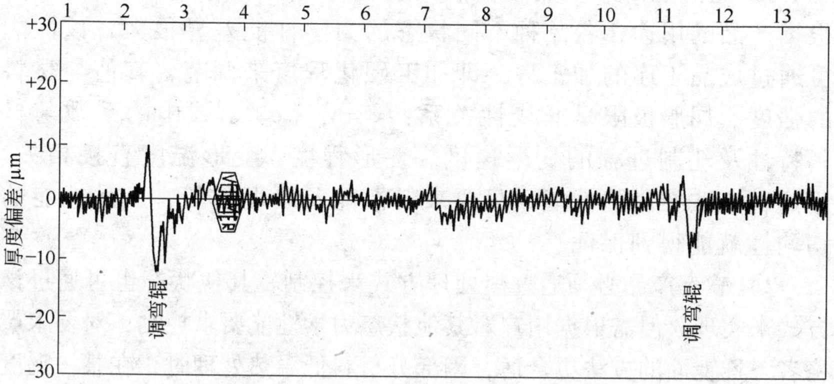

图 9-34 调节弯辊力对厚度偏差的影响

3）开坯时，松头轧制过程的头尾厚度公差控制也十分重要，这与操作水平及入口侧设备的配置直接有关。

由此说明，铜及铜合金精密带材生产中纵向厚度精度的控制是一个综合因素，设备硬件及软件是必要条件，操作、维护人员的技术水平及责任心等都是重要因素，同时企业的综合管理水平（从上到下）也是不可忽略的保证条件。

9.4 铜及铜合金精密带材生产中性能的控制

铜及铜合金精密带材根据产品的用途，对性能提出不同的要求。

9.4.1 力学性能的控制

根据铜及铜合金精密带材产品的要求，在力学性能方面主要控制以下内容：拉力性能（强度、屈服极限、伸长率）、硬度（国内产品以维氏硬度为主，国外标准中有选用维氏硬度，也有选用洛氏硬度及布氏硬度的）、疲劳强度（弹性材料有此要求）、弹性模量、弯曲性能等。而轧件的力学性能是受许多因素的影响，并在变形区内形成，这些因素与变形区的几何形状、接触条件、变形程度、变形速度、温度参数及外部作用等条件有关。

(1) 力学性能控制的主要方式:

1) 通过加工率控制材料不同状态(除软态外)的力学性能。根据产品的用途，各品种不同状态的力学性能差异很大，该性能可通过成品工序的加工率，即加工硬化程度来调节，其值与材料的强度、屈服极限呈非线性关系：$y = y_0 + ax^n$，式中的系数与材料特性及轧制过程的变形速度、变形程度、变形温度直接相关。用这种方法控制的性能，只要来料性能及厚度均匀，成品性能的均匀性就能得到保证。

2) 软态产品必须通过热处理方式来控制，其他状态也可通过该方式来实现，但需根据用户对其他状态力学性能要求控制，对要求严格者，选上面的方法更合适，因部分材料低温热处理时，在某一温度范围性能会出现突变，加上受低温温度控制精度的限制，性能很难得到稳定控制。

3) 对部分有特殊要求的产品，采取加工率及热处理叠加的控制方式，如高精度的框架材料及弹性材料，为降低或消除材料内部的残余应力，通过加工率控制力学性能，再经精整工序(拉弯矫直工序)及低温消除应力退火工序，以获得高性能、无内应力(或微小值)的高品质材料。

(2) 主要性能的试验方法及注意事项:

1) 拉力试验(包括屈服极限值)，按 GB/T 228—2002 测试。

2) 硬度试验。硬度是反映材料软硬程度的一种性能指标，其值大小与材料的成分、结构、处理工艺有关。常用的有布氏、维氏、洛氏及韦氏硬度，国家分别有不同的试验标准，如高精铜带材生产中常用的硬度测试为不同负荷的维氏硬度值，试验标准为 GB/T 4340—1999。

3) 弯曲试验。弯曲试验是检测材料承受规定的弯曲程度的变形能力，可反映材料性能的均匀性，按 GB/T 232 标准进行测试。

4) 弹性模量试验。在静态法测定材料弹性状态下的拉伸弹性模量，按 GB/T 8653—1988 的试验方法测定。

5) 残余应力的测试。上述项目除第五项以外，均按国家标准进行测试。残余应力的测试难度较大，因其值小，易定性，但很难定量；曾选用X光法、冲制法（测冲后对称形状的变化）、光学法、线切割法或蚀刻法（沿被测带材试样的横断面，等距离切割出数条，然后测试各条翘曲值，并通过公式计算出残余应力的大小）来进行检测，尚无统一标准，还需结合用户的需要做进一步的工作。

9.4.2 物理性能的控制

主要指铜及铜合金精密带材的物理特性，如密度、电性能（如电导率、电阻系数及电阻率等），热性能（线膨胀系数、比热容、热导率）及磁性能等。这些性能主要通过化学成分（包含杂质含量）、加工工艺（包括熔铸及带材加工过程）来控制。尤其是框架材料对上述性能均有明确要求。

9.4.3 化学性能的控制

指在不同溶液或环境下的耐腐蚀性能。铜及铜合金对大气和水有良好的耐蚀性，因此在食品工业、化学工业部门，可用于制作很多有机物产品的冷却器及储藏器等，但铜在大气中，室温下即会出现缓慢氧化。随着温度升高到100℃时，表面生成黑色CuO，其氧化速度与时间的对数成正比。尤其是在潮湿环境或在表面有残留乳液时，会带来腐蚀痕迹，因此要严防加工过程及带卷中间或成品工序存放阶段的表面变色问题。

9.5 铜及铜合金精密带材内部组织的控制

在分析轧制时金属组织和性能变化时，往往利用或绘制轧制合金的状态图、再结晶图、塑性图、变形抗力图和力学性能图，这类图反映了轧制合金的成分、组织及性能与加工变形及热处理的内在关系，包括轧制铜及铜合金精密带材的内部显微组织（如高倍的金相组织、微结构组织等）、织构组织、晶粒度的控制等。不同用途的铜带对内部组织要求的项目及指标差异很大。

对于高档产品在这方面要求更高，尤其是带材织构的控制也提出新的课题，在此对铜及铜合金带材生产中形成的织构特点作一简要叙述。因生产中形成不同类型和不同指数的织构，对材料性能影响很大。轧制加工过程由于采用沿轧制方向的单向轧制，随变形程度增大，晶体的位向逐渐趋于一致形成轧制织构，然后进行热处理时，随热处理制度的不一或热处理前变形程度的不一，出现不同的再结晶织构。下面分两大类进行介绍：

(1) 轧制织构。在轧制过程中，随变形机构的不同出现紫铜型、黄铜型两大类差异较大的织构类型，二者在一定条件下可互相转化。

紫铜类的铜带，在室温条件下组成紫铜型织构，其特点是以滑移变形为主的变形机构，具有较高的积层缺陷能量。轧制过程的主要织构指数为{110}[112]+{112}[111]，若加工率增大，织构指数不会改变，如图 9-35*d*、*e* 所示，仅织构强度增强。

黄铜类的铜带，随锌含量的变化会改变合金的轧制织构类型。当锌含量小于 5% 时，织构类型同紫铜一致，属于紫铜型织构，但角度

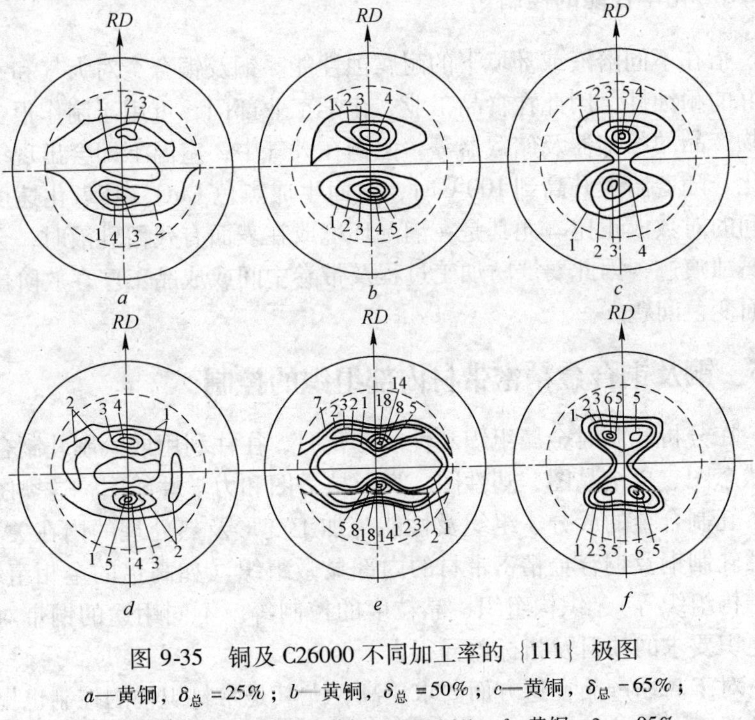

图 9-35　铜及 C26000 不同加工率的 {111} 极图

a—黄铜，$\delta_{总}=25\%$；*b*—黄铜，$\delta_{总}=50\%$；*c*—黄铜，$\delta_{总}=65\%$；

d—紫铜，$\delta_{总}=25\%$；*e*—紫铜，$\delta_{总}=96\%$；*f*—黄铜，$\delta_{总}=95\%$

有所偏移，当锌含量大于或等于10%时，轧制织构随加工率改变而变。现以C26000为例分析，将加工率的影响分三个阶段：一是加工率小于或等于25%时，呈紫铜型织构，如图9-35*a*所示，{111}极图呈“唇式”；二是加工率大于25%到50%时，呈紫铜型和黄铜型之间，如图9-35*b*所示；三是加工率大于或等于65%时，呈黄铜型铜织构，如图9-35*c*所示，{111}极图呈“耳式”。为何含锌较高的黄铜，其织构类型会随加工率而变化呢？研究者利用光学及电子显微镜观察形变组织，认为主要是变形机构的差异造成的。紫铜型织构是因滑移变形而带来的；黄铜型铜织构是滑移变形与双晶变形同时存在，使变形机构发生变化。

青铜类的铜合金带材以锡磷青铜为例，当加工率增大，也会由紫铜型织构转为黄铜型织构，道理与黄铜相似。

白铜类的铜合金带材其轧制织构的特点也与黄铜相似。

织构会给材料带来不同方向物理及力学性能的不一致，称为各向异性（纯度越高越明显）。当用于冲压碗形或杯形制品时会出现“制耳”现象，如图9-36所示。凡是用户有此类要求的就必须严格控制。

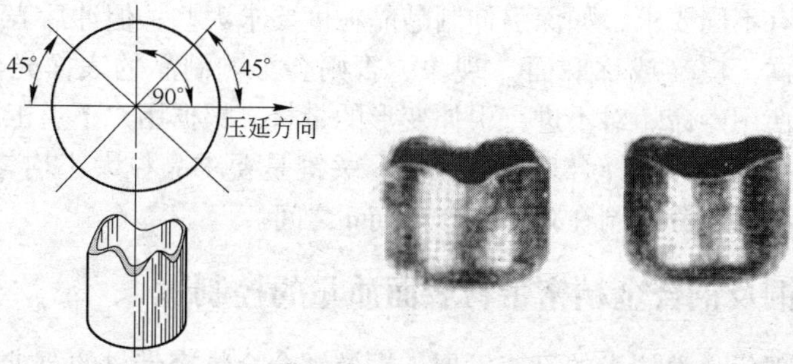

图9-36 紫铜带冲制后的示意图

（2）再结晶织构。经轧制变形后形成的轧制织构，再经退火可获得再结晶织构，通过对再结晶织构的研究，可寻找到控制材料优良性能的工艺条件。影响再结晶织构方位、强弱的因素很多，不仅与合金的成分有关，还与热处理前的加工率及变形前的原始织构状况有关，同时与热处理时的工艺条件（温度、时间等）有关。对于铜及铜合金的再结晶织构指数，不同品种差异较大，如紫铜主要有{100}〈001〉、{110}〈112〉+{112}〈111〉再结晶织构指数；黄铜的再结晶织构指数与含锌量有关，当含锌量小于10%时，其织构指数接近于紫铜（同一温度时）；若超过此值，会出现{438}〈634〉、{225}〈734〉方位的织构，因锌的加入可阻止立方织构的形成。

织构指数的不同会明显地影响材料的引伸性能，其中不利于引伸的织构方位是{100}的立方织构；有利于引伸的织构方位是{110}、{112}、{111}。

织构指数与“制耳”方位直接有关，经试验指出，{110}〈112〉、{112}〈111〉及{225}〈734〉方位是引起45°方向的耳子；{100}〈001〉、{110}〈001〉是0°、90°耳子形成的方位；{111}〈011〉是形成6个耳子的方位。

我们可以利用控制织构指数的方法控制耳子的高度，通过合理工艺选择，实现不同方位织构强度等值的控制，以达到耳子高度减小的目的，所以织构组合得愈好，耳子就可控制得愈小。

晶粒度的控制，对精密铜带软制品而言，要求也是很严格的。不同用途有不同要求，如深引伸制品晶粒度要求大些，但冲后表面不允许出现橘子皮（或称麻面）现象，否则会影响制品的表面光洁度及制品的使用寿命。对不进行引伸变形的带材，根据用户下道工序制作的要求，控制并选择合理的晶粒度，关键是要求晶粒大小均匀一致，对软制品大部分控制在0.02～0.03mm之间。

9.6 铜及铜合金精密带材表面质量的控制

随现代科学技术的迅速发展，铜及铜合金精密带材的要求不仅局限于上述要求，同时对表面质量的要求也愈来愈高，除了要求表面无擦划伤、无起皮、夹杂物及分层、无针孔、气泡、无金属及非金属压入、无压坑及凹坑等缺陷外，还要求表面光滑、色泽均一、无变色、无斑痕。尤其是框架材料还有表面粗糙度的要求（对高端产品 $R_a \leq 0.1\mu m$），同时对上述非关键的、局部的、轻微的缺陷也提出量的要求，这些用户材料进厂后，通过在20～50倍的放大镜上进行检查，超出允许范围就会要求退货。

铜及铜合金精密带材生产中易出现的表面缺陷有以下四类：

(1) 熔铸过程带来的表面缺陷。这些缺陷有气泡、夹杂（或夹灰）、裂纹等，如图9-37、图9-38所示。从图9-37、图9-38看出，铸锭内部或表面出现的上述缺陷，轧后在带材表面上均会产生大起皮的绝对废品，类似该类缺陷在生产中是必须杜绝的。

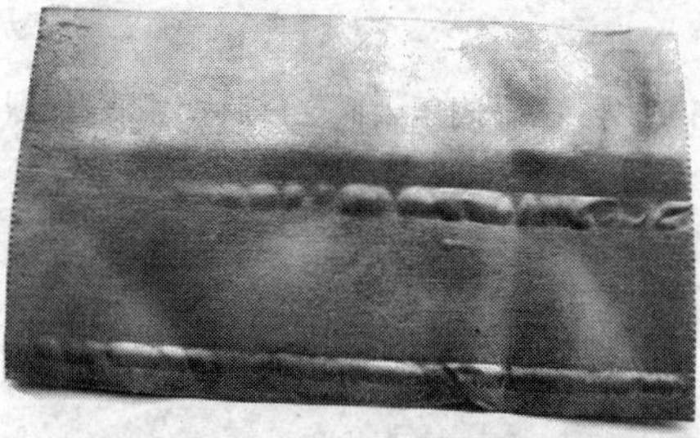

图9-37 因铸锭内气泡造成轧后表面出现气泡

图9-38 因铸锭内夹灰带来的大起皮

(2) 加工过程带来的表面缺陷。这类缺陷种类繁多，对用户影响最大的是金属或非金属压入所带来的压坑，严重时会形成孔洞，如图9-39、图9-40所示。同时，因划伤、啃伤及小的金属或非金属渣滓压入（如工艺润滑过滤系统出问题时等）而带来的针孔缺陷。另外因机械设备或带材层间、带材与辊间产生相对运动而引起的擦伤、划伤等，严重时也会带来细长条的小起皮，如图9-41所示。同时，由于外部污染物（如清洗溶液、工艺润滑液及烘干过程等）的附着

图 9-39 因金属压入而在轧件上留下的压坑

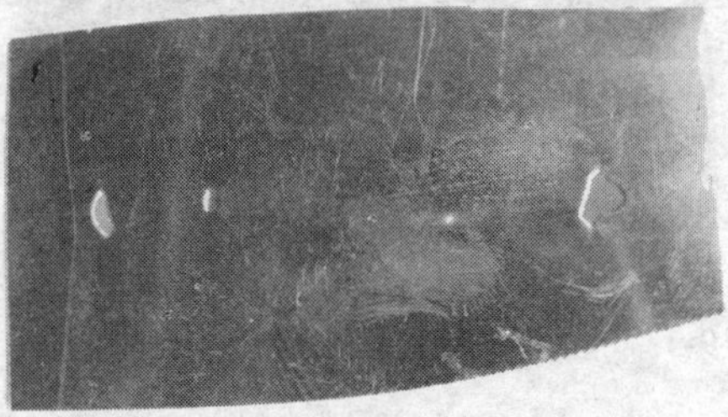

图 9-40 因金属或非金属压入而在轧件上留下的孔洞

图 9-41 因划伤导致的啃伤及划痕

而使轧件表面带来斑痕，如图 9-42 所示。它会影响表面镀层质量及外观，对许多客户是不能接受的。

（3）内部组织或成分偏析带来的表面裂纹或边裂，这也属致命的缺陷（称绝对废品）。该缺陷最易出现在锡磷青铜带上。如铸坯的内部组织若出现疏松，轧薄后带材上必出现不同形态（三角形居多）的裂纹，如图 9-43 所示。

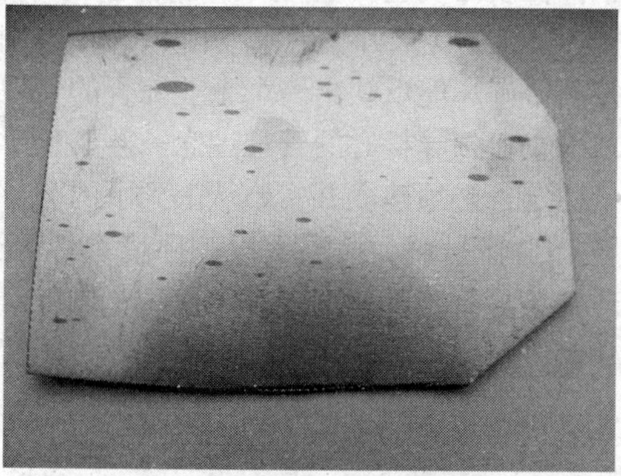

图 9-42 因外部污染带来的斑痕

图 9-43 因铸坯内部组织疏松带来的表面裂纹

上面所示出的图为肉眼均能看出的严重缺陷，是必须防止的表面缺陷；在实际生产中还会出现不同类型的细、小缺陷如针孔、点坑、刷痕、擦痕及色泽不均等，对高档用户也是不允许，因它会影响后道工序的表面处理质量，所以材料表面质量对下道工序的产品质量影响是很大的。

国际上，铜及铜合金精密带材的生产大部分在高精度的高速轧机上进行，热处理及精整设备的机列速度也不低，在这样的条件下如何检查表面质量，过去均采用人工肉眼在线检查，实际上是看不准的；当然应靠各工序的严格把关，但成品的在线检查也是必不可少的，现在不少发达国家，在表面质量要求高的产品上选用了针孔检测、表面检测装置（20世纪90年代末开发的），并投入在线使用，效果良好。

产品质量控制得好坏能反映出一个企业综合的管理水平及职工的素质，同时体现出企业领导核心的管理理念。若要长年保证产品质量可靠，表面质量稳定，必须建立并实施从上到下的全员、全过程、全方位（包括装备、主辅材料、检测手段、环境条件等）的质量控制体系，同时环环把关，每步都落实到人，使每个职工对自己的工作都具有强烈的责任感，这样产品质量的稳定提升才可能实现。

10 铜及铜合金精密带材生产中质量检测主要设备与控制

10.1 板形的检测与控制

由于轧制过程板形的调节受许多因素影响，板形缺陷又有各种复杂的表现形式，尤其在带张力轧制时，由于张力作用，往往会将某些缺陷掩盖起来。随轧制速度提高，靠操作工目测来调节板形就很困难了。为了解决此问题，科学工作者早已将板形检测问题提到重要的科研攻关日程上。因为只有板形能检测出来，才可能实现板形的自动控制。从20世纪60年代开始，板形检测装置的研制工作相当活跃，并研发出多种形式的板形检测装置，部分已用于生产中获得良好效果。随着改革开放，80年代初我国在钢带、铝带加工行业中均引进这种新技术，精密铜带的加工设备上也引进了该技术。下面重点讨论板形检测技术在精密铜带生产中的应用。

10.1.1 板形检测装置的分类及设计要求

用于精密铜带轧制时的板形检测装置，按检测元件的不同可分为七大类：气动式（空气轴承）、压磁式、压电式、位移式、振动式、光学式、声波式等。无论哪类检测装置，它们的设计都要满足以下要求：

（1）能在线精密、准确地测量出带材的形状（以量表示）；

（2）测量中不给带材表面造成任何损伤；

（3）带材边缘幅宽的补偿控制、测量件（如测量辊）宽向温度补偿及执行机构快速、准确的调节，这些已成为控制系统的重要手段；

（4）能适应现场的恶劣环境，有强的抗干扰能力；

（5）经现场使用、观察，能实现板形有效、精确地闭环自动调节；

（6）安装方便，结构简单，易于维护。

10.1.2　检测装置的工作原理

检测装置都是通过检测元件检测出带材横向张力分布状况,通过处理单元进入计算机,按下式计算出实际张应力的分布状态,即实际板形:

$$\Delta L/L = \Delta\delta/E \times 10^5 \tag{10-1}$$

式中　ΔL——每米长度上横断面最大长度差，mm；

L——原始长度，mm；

$\Delta\delta$——测量区张应力的差值，MPa；

E——被测材料的弹性模量，MPa。

将实际板形与理想板形（目标板形）进行比较，求出差值。再对板形差值进行回归分析，分解成便于调节的一次、二次及高次成分。一次成分用轧辊倾斜调节来消除；二次成分将通过液压弯辊调节来消除；高次成分经轧辊分段冷却改变轧辊的热凸度来调节。

最新的平直度控制系统，以轧机模型为基础，该模型是根据轧机对控制命令的响应建立的。每个执行机构的实际响应可在线或通过理论模型获得。当然最终模型受实际运行数据的限制，通过数学函数方式表现出来。轧机中各种执行机构综合作用在运行软件中，并建立起总的模型，平直度控制系统则利用这一总模型使轧件获得最佳平直度。

10.1.3　板形检测装置的比较

对于铜及铜合金精密带材的轧制，选择哪类板形检测装置更适用，有待对比、分析，各有各的优点及不足之处。

（1）ABB 公司的压磁式板形仪。压磁式板形仪的优点是：结构较简单，抗干扰及抗污染的能力较强，维护也较方便，使用寿命长，能适应现场的工作环境。图 10-1 为压磁式板形仪辊。

压磁式板形仪的不足之处是：

1）目前尚未解决好测量辊宽向的温度补偿问题，因带材轧制过程必产生变形热，使轧机出口时带材温度升高，同时沿带宽的温度分布是不均匀的，一般中部高于边部（这与轧制过程的压力分布及散热条件有关），使与带材直接接触的测量辊也会带来温度的不均匀分布，它势必沿测量辊辊身长度方向引起热膨胀值的差异，随之影响带

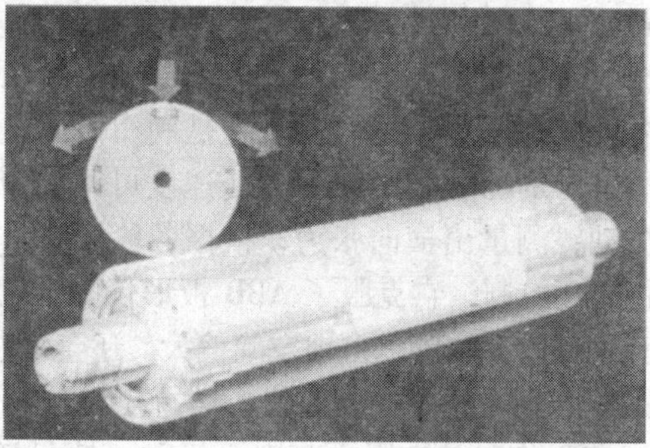

图 10-1 ABB 公司压磁式板形仪辊

材对测量辊张应力的分布，又必影响板形的测量精度，所以控制系统必须有针对该差异进行校正或补偿此值的程序功能。这方面该公司已有相应措施，有待实践证明。

2）在高速、全油润滑的轧机上轧制薄带时，易在带材与测量辊之间出现打滑，若出现该现象会直接影响纵向厚度公差的控制，同时影响板形的测量精度。

（2）西门子公司的机械振动式板形仪。近年来，西门子公司新开发了一种机械振动式板形仪，如图 10-2 所示。其特点是该板形仪为非

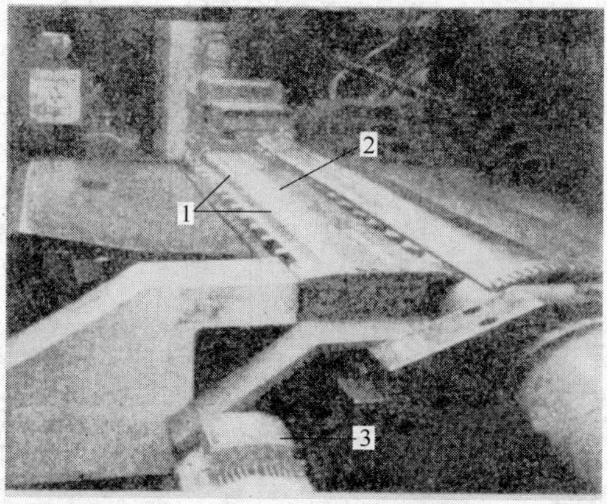

图 10-2 西门子公司机械振动式板形仪

1—传感器；2—孔板；3—调制电机

接触式测量装置，工作时与带材无接触，不会损伤带材表面，在高速轧制时不会出现因带材与偏转辊的打滑影响产品测量精度，同时不存在测量辊宽向温度分布不均匀的问题。它是利用涡流式电流感应式元件做传感器，通过恒定励磁的变频马达（速度可调）带动偏心轮，使其产生周期性振动，测量出横向张力，根据各段横向张力差确定板形偏差，然后进行闭环控制。它克服了 ABB 板形仪的不足之处，但缺点是它须增加一套机械传动装置，占地空间偏大，还会带来新的噪声。

（3）I^2S 公司开发的位移式板形仪。其特点是传感器在外面，工作时油缸升起，非工作时油缸降下与料不接触，具有前面所述非接触式板形仪的优点，使用寿命长，价格较上面两类板形仪低，可实现宽向的连续测量，维护方便。但控制精度上较前面两类板形仪低（约低 10% 左右），对现场的抗污染及抗干扰性能还有待考察。其结构及板形控制示意图如图 10-3 所示。

（4）气动式（又称 Vidimon）板形仪。其特点是传感元件简单，只需提供清洁、干燥的气源，同时辊子惯性小，辊环与固定轴之间无

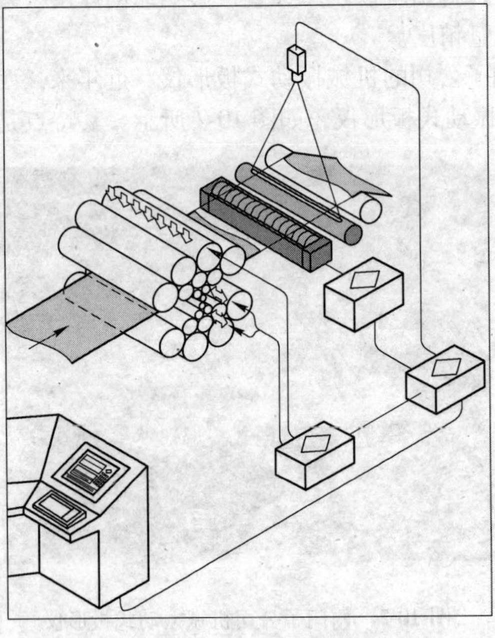

图 10-3 I^2S 公司位移式板形仪示意图

摩擦，所以在铝箔轧机上应用得较多。原主要生产厂家有英国的 DAVY 公司、日本的川崎制铁公司等。但此装置对工作环境要求极高，尤其是对气源要求极严，目前国外已开发出超高精度的空气过滤装置来适应该气源的要求，但价格较贵，所以影响使用范围。

(5) 压电式板形仪。以森德维克公司自主开发的 BFI 板形辊为代表，其特点是以压电晶体作为传感元件，线性度好而且灵敏，辊面光滑、耐磨，轧制过程不会损伤带材表面；外形如图 10-4 所示。它属接触式板形仪，同样存在在高速、全油润滑的轧机上轧制薄带时，在带材与测量辊之间出现打滑，若出现该现象会直接影响纵向厚度公差的控制，同时影响板形的测量精度。为解决此问题，它们在测量辊上增加了一个小压辊，并适当增大带材的包角，这类板形仪价格适中。

图 10-4 压电式板形仪外形图

1—装压力传感器的孔；2—在高预应力下安装压力传感器；
3—实心板形仪的辊身

另外，还有 VOLLMEN、IMS 等公司开发的板形仪，结构形式类似于森德维克公司，均属 BFI 式的板形辊，仅检测元件有所差异。

10.1.4　板形的控制

上述板形检测装置均配置有板形闭环控制系统，因靠人工调节是难以掌握的。当带材带张力轧制时，即使有浪也不易看出，何况人工调节既慢又不准，尤其是高速轧机上是难以实现的。当然，真要使板形闭环控制系统获得有效效果，目标板形的设定及选择都是极为重要的。因板形闭环调节的信号及调节量的大小，均根据板形仪的测量值与设定的目标值进行比较，其差值作为调节的依据。通常板形仪的供应商，会提供一定数量的目标板形曲线（20～50 条），设备调试时，结合来料板形进行选择或调整，需要一段时间的摸索、试验，方能获得好的效果。即使最终闭环控制达到了指标，也是以测量值与设定的目标值之差显示在 HMI 屏幕上，所读之值即为控制后获得的结果。

当然，现代高速轧机上通过配置板形闭环控制系统后，板形质量得到明显好转，但轧制过程的加工硬化及宽向的不均匀变形，带来的残余应力仍影响成品的板形，满足不了用户对产品的要求。所以，尚需后面工序增设消除残余应力的辅助工序。经科技工作者反复研究试验，提出四个途径：

（1）轧制后的成品经脱脂，再通过拉弯矫直处理，拉弯矫直装置上配有与该设备匹配的专用板形仪及板形闭环自动控制系统。

（2）轧制后的成品经消除残余应力退火处理。

（3）成品剪切后，再通过拉弯矫直处理。该方法生产效率低，但有利于消除剪切后带来的残余应力，如德国某个生产框架材料的企业就用此法。

（4）成品剪切后，再经消除应力退火处理。还有将拉弯矫直处理与消除应力退火联合进行，目的都是为使成品的残余应力减至最小。

铜板带生产中板形的有效控制，仍然是今后研究的重要课题，尤其是带卷从工序上卸下后，实际带材板形的准确测量，仍是个难题，必须在高精度的专用检测设备上，对在轧机上测试的结果进行（德国某公司已配有该装置）复核，否则难以鉴定实际的控制效果。为满足高精度产品的需求，在这方面还需科研人员做不懈的努力。

10.2　厚度的检测与控制

厚度的检测是精密铜带生产过程重要环节，检测厚度的测厚仪，又是厚控过程关键的检测设备，它的测量精度、分辨率、反应速度及工作的可靠性、稳定性，直接影响产品实际厚度控制精度。因此在现代化高精度铜带轧机上，如何选择适用的测厚仪非常重要。由于铜材成分较为复杂，测厚仪的选型尤为重要。

从测厚仪的种类看，目前用于生产较高精度铜带的测厚仪可分两大类：

接触式及非接触式，其中接触式测厚仪以 Vollmen 公司为代表；非接触式测厚仪又以同位素测厚仪（γ 射线、β 射线）、X 射线测厚仪、涡流式测厚仪为代表。如何选用要根据产品品种、质量要求、规格等来确定。因不同类型的测厚仪适用范围不同，现简述如下：

（1）接触式测厚仪。其优点是，不受材质变化的影响，静态测量精度高（静态精度小于 ±0.1%，测量误差在 1μm 以内）。

缺点是轧薄带（厚度小于 0.2mm）时易产生划痕，甚至于划伤，若减少测头压力会影响测量精度，即使这样带材测量处仍会留下亮印。

断带时受冲击，使 C 形架变形，会增大测量误差，另外维护工作量大。

同时测量线变动会影响测量精度，因下测头在静态整定时，约高于测量辊 400μm，测量线高低靠气缸保证，气压波动将影响测量线，使测头微离轧件约 1～50μm，因此影响测量精度。

（2）非接触式测厚仪。其优点是测头不接触轧材，不会出现划伤问题，另外维护工作量较小，备品备件消耗量少（尤其是 γ 射线测厚仪）。

缺点是受材质变化的影响大，因根据射线测厚仪的工作原理，被测射线量的衰减比例与被测带材的厚度有关，即：

$$I = I_0 e^{-\mu P h} \tag{10-2}$$

式中　I——入射被测材料后的 X 射线强度；

I_0——入射被测材料前的 X 射线强度；

μ——质量吸收系数；

P——材料密度，g/dm^3；

h——被测材料厚度，mm。

从上式看出，当被测材料的材质变化时，式中的 μ、P 均变化，必须进行材质补偿，但准确补偿很困难，尤其是含锡的铜合金，锡含量的变化影响更明显，为解决此问题，有的测厚仪制造商，如德国的 IMS 公司开发了锡含量波动的自动补偿装置，以降低因成分变化而带来对测量精度的影响。

非接触式测厚仪从射源或结构看可分为三类：

1）同位素测厚仪射源有 γ 射线（如镅 241、铯 137、锔 244 等）、β 射线（如锶 90、氪 85 等），随放射元素的不断衰减，会影响发射强度，但衰减速度很慢，如镅 241 半衰减期为 433 年，所以使用寿命已足够；该类测厚仪结构简单，仅一种能源，成分的补偿计算较 X 射线简单；稳定性好、维护方便（射源不允许自维护）、造价低（无需高压系统）；若与 X 射线测厚仪比，不足之处是：信号与噪声之比比较大（后者为 ±0.07%，前者为 ±0.1%），影响测量精度（约降低 ±0.02%）；另外，该测厚仪不工作时射线仍会向四周发射，对人及环境不利，而 X 射线测厚仪不工作时不发射射线，工作时只对带材方向发射；从响应时间看，同位素测厚仪比 X 射线测厚仪长约两倍，所以从综合性能看后者略高于前者。

2）X 射线测厚仪属高光子能量的发射，射线通过高压（70 ~ 100kV、140 ~ 160kV、225kV 等，根据被测厚度确定电压的选择）经 X 光管获得。它由 X 射线源（内设气体保护及光管冷却设施）、探测器（电离室及光电倍增管等组成）、前置放大器、C 形结构架、标样箱、信号处理及主控制柜等配套设备组成，如图 10-5 所示。

对该装置要求达到的质量指标为：

精度不大于 ±0.1% 厚度；

线性不大于 ±0.1%；

稳定性：即 8h 的温度漂移不大于 ±0.1μm；

噪声：±0.07%；

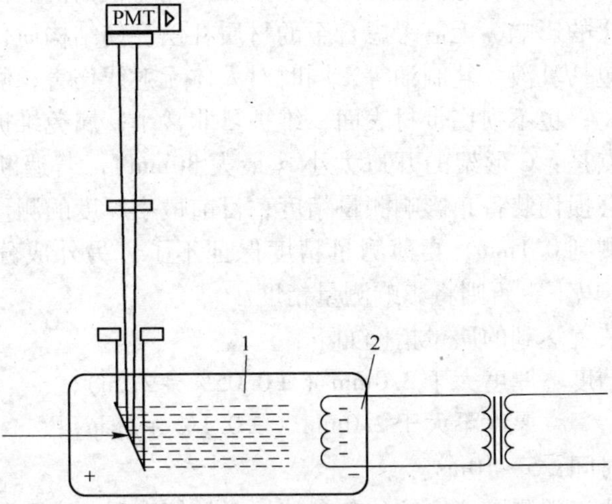

图 10-5 X 射线测厚仪的原理图

1—阳极电流；2—阴极

重复性：±0.05%；

响应时间：1～5ms。

3）MZT 涡流式非接触测厚仪是以 ABB 公司为代表，属近几年新开发的环保型产品，如图 10-6 所示。该测厚仪一经问世，在欧洲精密铜带生产厂家得到较快认可和使用。

图 10-6 ABB 公司的涡流式测厚仪示意图

其优点是：具有非接触测厚仪及接触式测厚仪共同的优点，如不受材质变化的影响，无需考虑合金的材质补偿，使结构简化；不受环境影响，包括乳液、轧制油等，同时对人体无射线伤害；测量精度不随时间变化；也不损伤带材表面；维护量非常小，属免维护设备。

其缺点是：C 形架的开口太小（最大 30mm），若遇断带或板形不好时，会损伤装备，影响测量精度；目前最小厚度的测量受结构限制，仅能测到 0.1mm，再薄测量精度保证不了；另外成分中铁含量限制在 3% 以下，否则将影响测量精度。

现该装置达到的质量指标如下：

测量精度：厚度大于 2.0mm（±0.05% +2μm）；

厚度不大于 2.0mm（±0.1% +1μm）；

响应时间：5 ~10ms。

从上述三类测厚仪比较，各有特长，如何选择，主要取决于生产产品的规格、品种及精度要求，其次考虑成本及经济效益。

随着科技进步，合金补偿可利用软件来获得，以提高测量精度。但无法准确补偿同一带卷的成分波动。为此，国外知名的铜加工厂在产品要求高的精轧机上，每侧配置两台测厚仪，一台 Vollmen 接触式测厚仪，作为校准材质，一台非接触式（射线）测厚仪，用于控制产品公差，效果显著，只是投资较大。

10.3 辊缝的检测与控制

在前章已叙述，轧件在轧制过程中，辊缝的变化直接影响厚度的变化，如何准确地检测辊缝是控制厚度波动的技术关键。过去辊缝检测元件安装在支撑辊轴承箱之间，属间接测量，因它还需通过弹性方程的计算来获得其值。德国 Vollmen 公司在 20 世纪 70 年代开发新型的辊缝仪，广泛运用于冷轧机上，取得明显实效。

其特点是：用于直接测量轧机工作辊辊缝，无需考虑轧件轧制过程因变形热而使轧辊热膨胀、轧机工作时的弹性变形等对辊缝的影响，能使辊缝始终保持设定值；当因来料厚度波动或性能不均等因素造成轧制压力变化时，会引起轧机刚体变形，辊缝变化，此时通过引入轧机辊缝闭环控制的当量刚度 K_s，该值远大于轧机的自然刚度。

它对来料厚度偏差及硬度变化引起的出口偏差有相当强的纠偏能力，该控制方式已接近恒辊缝控制。其组成及控制如图 10-7 所示。即数

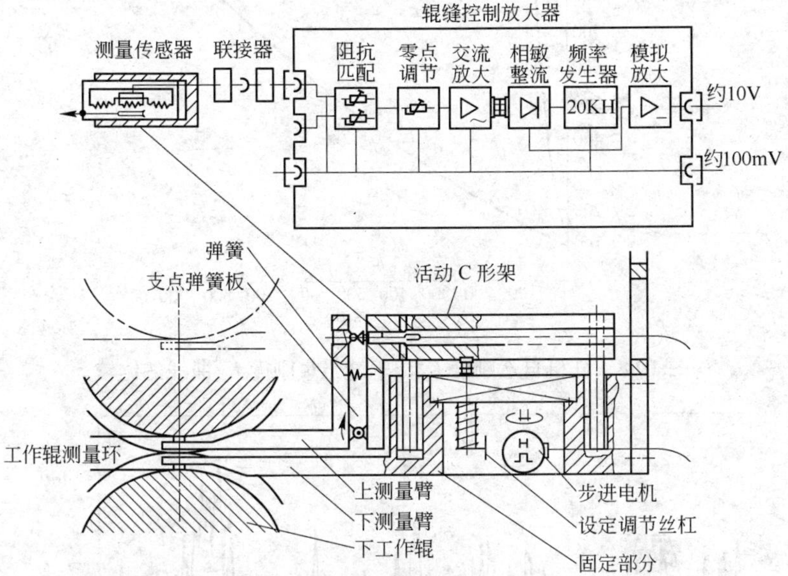

图 10-7 Vollmen 辊缝仪组成及控制的示意图

字反馈是将厚度偏差 Δh 信号送至辊缝仪的步进电机，建立一个新的辊缝基准，辊缝变化 ΔS 信号通过测量放大器→伺服放大器→液压伺服阀→液压缸进行闭环调节，保证原始设定辊缝不变。使它的 $\Delta h/\Delta S$（辊缝变化）比值约等于 1。它与压下位置测量的间接控制辊缝的方法相比，消除轧制带材偏差的能力提高 1 倍以上。图 10-8 是某公司在 1 台四辊可逆式轧机上测得的数据：K_m 约为 966kN/mm；K_s 约为 11150kN/mm。K_m 远小于 K_s（约 1/10）。当选用两个不同系统轧制同品种、同规格、同样加工率的成品（C1100，来料 0.7mm，轧出厚度 0.48mm）时，其厚度波动差异很大（见图 10-9）。当选用位置传感器与 AGC 系统闭环控制时，公差为 ±0.01mm；而当选用辊缝仪与 AGC 系统闭环控制时，公差为 ±0.003mm；厚度均匀性提高 2 倍以上。适合于在轧制厚度 0.1～1.0mm的冷轧机上运用。

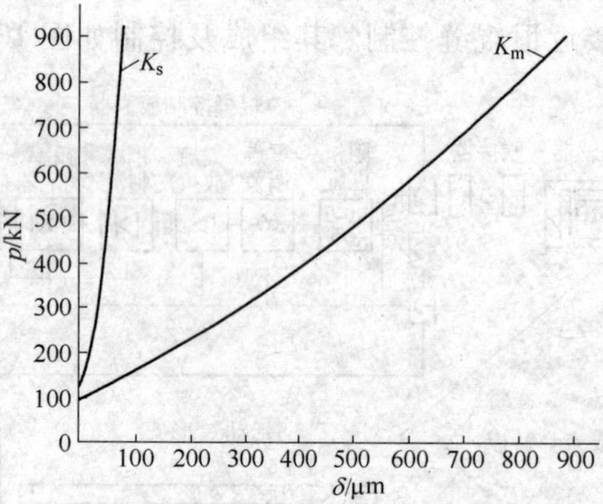

图 10-8　轧机自然刚度 K_m、辊缝当量刚度 K_s 曲线的比较

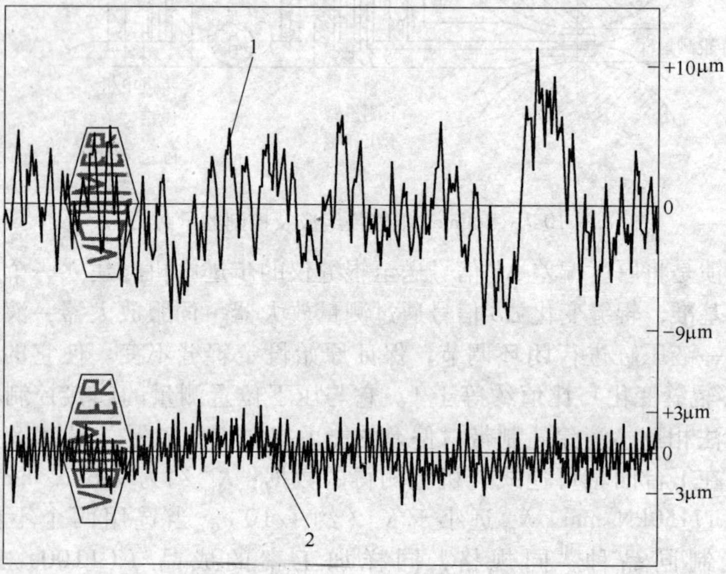

图 10-9　两种控制方式的厚度公差比较曲线

1—以位置环为主；2—以辊缝环为主

辊缝仪分辨率：0 ~ 10mm 内，≤1μm；

传感器测量线性段：±1.5mm，精度 0.1μm；

线性度：±100μm 时，≤±2μm；

响应速度：与 AGC 系统匹配的截止频率为 11Hz。

这种辊缝仪及控制方式，曾被广泛应用，后因初轧机的工作环境太差，辊缝仪易损坏，使生产成本上升；加之在精轧机上轧制薄带（厚度小于 0.1mm）时，经常呈负辊缝工作，影响辊缝的测量精度；同时磨工作辊时还需磨辊颈处的滑环，操作不方便；加之使用较大弯辊力时，会引起辊缝变化，影响辊缝的测量精度等。由于上述原因，使它的运用受到限制。

10.4　带材速度的检测

带材在轧制过程中，如何准确地检测其运行速度，一直是个难题，过去都是通过轧辊的转数进行换算，但误差较大，因轧制过程影响前、后滑量的因素较多，准确计算难度大。尤其是随着 AGC 中质量流控制技术的发展，带材速度的测量精度直接影响厚度的控制精度，所以将此课题提到重要日程中。而随着检测技术的开发、发展，光刻技术在检测仪器、仪表中的应用，很快将脉冲编码器运用到转动部件的转速测量上，并不断改进，测量精度愈来愈高，随之该技术移植到带材速度的测量上，即将高精度的编码器安装在与被轧带材形成一定包角的偏导辊联接轴上，通过对偏导辊转速的测量，计算出带材的运行速度，其优点是：反应周期短仅 20ms、输出精度为 0.01%、参数易进入 AGC 程序，不需校正、输出脉冲限幅为 5VDC，无需附加放大器、无速度死区等，目前已被广泛运用。但在全油、高速轧机上轧制薄带时，会出现带材与偏导辊间的相对滑动，尤其是张力较小时，该现象更明显。打滑的出现，必影响带材速度的准确测量。为此提出了新问题，目前也有补救措施，如在偏转辊上部加小压辊等。同时又开发出激光测速仪，它与带材无接触，属非接触式测速仪，精度高，输出信号为 0.01mm，在要求高的精轧机上被广泛应用，只是价格较高，在高速轧制时要有较好的保护措施，严防断带时损伤，它可与测厚仪装在一个框架上。

10.5 带材表面质量的检测

10.5.1 表面缺陷的检测

国际上，精密铜带生产大部分在高精度的高速轧机上进行，热处理及精整设备的机列速度也不低，在这种条件下，如何检查带材的表面质量呢？过去均采用在线人工肉眼检查，实际上是看不准的；当然应靠各工序的严格把关，但也须及时发现，尽快采取措施，堵截类似缺陷重复出现。尤其到成品工序，在线检查是必不可少的，现不少发达国家，在表面质量要求高的产品上采用了表面缺陷检测装置（20世纪90年代末开发的），并投入在线使用，效果良好。虽然表面检测装置的投资较大，但为预防有缺陷的产品流入用户而造成更大的损失，凡有条件的厂家陆续均配置了该装置。

（1）表面检测装置的形式。现已开发的表面检测装置有两种形式：

1）低档的表面缺陷检测装置。可检测、确定缺陷位置，但无法判断缺陷性质。

2）高档的表面缺陷检测装置。可检测确定缺陷位置，并可判断缺陷性质。两种检测装置的传感元件均为激光和摄像两类，通常选用摄像方式，如图10-10所示。

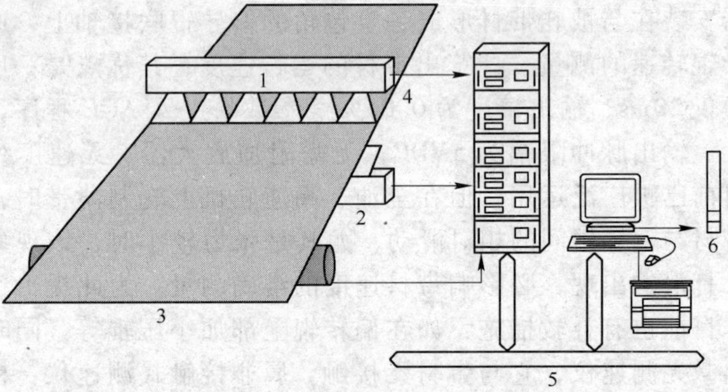

图10-10 表面缺陷检测装置示意图

1—上部摄像光束；2—下部摄像光束；3—带材；4—光纤连线；5—轧机TCP/IP网络；6—报警装置

（2）表面检测装置的组成。它由光源、摄像头、缺陷检测、识别及可视化、缺陷的分类及数据库、缺陷数据分析六部分组成。

（3）工作原理。采用高速CCD扫描摄像头对带材表面进行逐行扫描，从而完成对整卷的扫描检测；当带材表面无缺陷时，反射的光在明视场下很强，而在暗视场的散射光很弱；若带材表面有缺陷时，则明视场的光强减弱，而暗视场的光强增加，如图10-11所示。根据摄像头里光强的变化，便可检测出材料表面的缺陷。

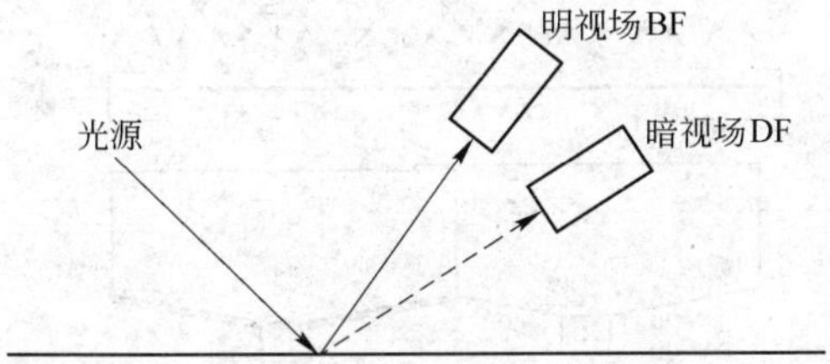

图10-11　表面检测装置工作原理示意图

当然，评判一个信号的变化是否为缺陷，还要根据一系列的特征值来作最终判断。

（4）该装置可达到的指标及要求为：

1）纵向分辨率：0.2mm；

2）横向分辨率：0.18mm；

3）长度精度：1m/10000m（在装编码器的辊子状况正常时）；

4）宽度精度：±0.5mm（在带边、张力情况正常时）；

5）可检测100多种带材表面的物理缺陷，能确定缺陷的位置、数量、大小等，并记录在案，以便离线分析；

6）可提供实时的缺陷检测，进行缺陷识别，提供可视图像；

7）所检带卷进行分类处理，分析原因，以便消除缺陷。

10.5.2　表面针孔的检测

铜带生产过程，由于微小外来物（包括灰尘之类）的压入，带材本身带来的内部、外部缺陷，如擦划伤等，轧薄后均会在带材表面出现针孔，它的出现对用户使用过程影响很大，尤其是要作打压试验的产品影响更大，如水箱带、射频电缆带及变压器带等对此指标均有严格要求。

（1）表面针孔检测的组成及特点：

1）针孔探测器由高频发光荧光灯光源、光纤、光电倍增管及信号处理装置等组成，如图 10-12 所示。

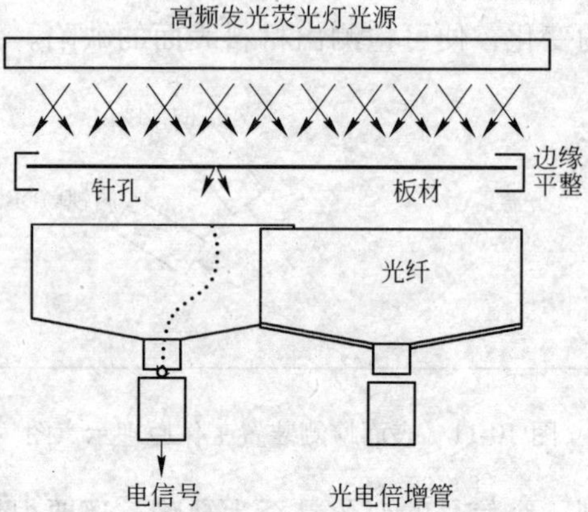

图 10-12 针孔仪控制原理示意图

2）探测器工作时，带材表面针孔透出微弱的荧光光线通过光纤、被高感应的光电倍增管探测到，转换成电信号输出，该信号经各种方法处理后，判别针孔尺寸并输出触点信号或电信号。对于直径 0.02mm 的针孔在 1500m/min 的高速生产线上可被准确无误地探测到，即使生产线速度改变，探测灵敏度也不会发生变化。由于针孔是用光纤探测的，因此带材宽度方向的探测灵敏度变化非常小。动态范围宽，可响应 10 倍于直径的改变。

该缺陷在高速运行的设备上很难发现，往往到用户制造部件时才发现，会给双方带来很大损失。为避免其损失，一方面在生产工序要严格控制此类缺陷的产生，另外在产品经过的关键工序上应配置在线表面针孔的检测装置。带材表面若有针孔能及时被发现，可及时查找原因，并予以纠正；对已出现此类缺陷的产品应尽早控制住，不允许流向用户。该装置一般配置在连续光亮退火机列上，因此工序速度较慢，便于检测。

(2) 对设备性能的要求：

1) 缺陷检出率：大于99%；

2) 可检的最小针孔：不大于0.01mm或被测材料厚度的1/10；

3) 缺陷定位：宽度方向不大于0.5mm，长度方向不大于100mm/km；

4) 具有边部检测及测宽功能及带卷信息输入、显示、管理功能；

5) 具有各种报表在线、离线的管理功能。

(3) 被测带材的要求：

1) 厚度：小于1.2mm；

2) 宽度：400~1380mm；

3) 带材边部10mm为盲区，针孔检测不出；

4) 带材运行中要求平稳，垂直振动：不大于±1mm，弯曲形状：不大于±2mm；

5) 环境温度：0~40℃。

精密铜带生产过程中的其他检测项目还很多，如各种温度、张力、各类压力、卷材直径、各种位置的测量等，在此不一一叙述。随着科学技术的发展，检测装置的技术含量不断提升，无论从结构到测量精度、控制水平均上了一个新台阶，基本能满足生产工艺的需要。当然，随产品质量要求的进一步提高，对检测项目、精度等也会提出更高要求。

参 考 文 献

[1] 李名洲，等．铜及铜合金板带的加工和应用．铜加工，1984（2）：1~256.
[2] 夏立信．日本铜及铜合金加工技术．国外考察报告和技术引进交流资料汇编，1986：1~31.
[3] 李震夏．铜及铜合金标准化．中国有色金属加工工业协会重有色分会，1984.
[4] 兰利亚．铜板带生产技术的发展．铜加工年评文集，1993（6）：17~24.
[5] 兰利亚．国内外铜板带的新技术进展．中国铜加工行业研讨会论文集，2007（5）：119~131.
[6] 王碧文．论我国铜加工工业重点攻关方向．铜加工，1999（1）：4~8.
[7] 赵志业主编．金属塑性变形与轧制理论．北京：冶金工业出版社，1980.
[8] 朱中华，薛剑峰主编．世界有色金属牌号手册．北京：中国物质出版社，1999.
[9] Л. Е. 米列尔（苏联）．有色金属及合金加工手册．北京：中国工业出版社，1965.
[10] 有色金属加工设计院主编．板带车间机械设备设计（上册）．北京：冶金工业出版社，1986.
[11] 杨海云．我国铜加工行业近况和发展调查．铜加工行业进展专题讨论，1987：3~29.
[12] 刘雅庭．西欧四国铜加工厂考察报告．国外考察报告和技术引进交流资料汇编．1986：41~64.
[13] 王国栋．板形控制和板形理论．北京：冶金工业出版社，1986.
[14] 赵祖德，等．铜及铜合金材料手册．北京：科学出版社，1993.
[15] 龚寿鹏．中国铜板带生产的技术进步与展望．1999（1）：1~3.
[16] 杨海云，席学义．有色金属进展—重有色金属材料加工（有色金属工业总公司内部资料）．1984.
[17] 钟卫佳，等．铜加工技术实用手册．北京：冶金工业出版社，2007.
[18] 杨海云．国外铜及铜合金加工现状调查（内部资料）．1964.
[19] 曹明盛，等．二十一国铜材牌号、成分和性能汇编（中国有色金属加工工业协会重有色分会内部资料）．1984.
[20] 杨海云．近年来铜加工技术和引进进展．铜加工，1986（1）：1~13.
[21] 徐忠臣，等．重有色金属加工工业（内部资料）．当代中国有色工业，1987.
[22] 丁夫，等．波兰铜加工厂技术考察报告．国外考察报告和技术引进交流资料汇编，1986：99~108.
[23] 朱祖荫．持久、稳定、协调发展铜加工行业的新路．铜加工，1991（4）：9~10.
[24] 彭治平．美国铜及铜合金状态的命名与热处理．铜加工，1993（1）：20~32.
[25] 杨海云．关于轧制力计算的探讨——用回归法建立一个计算公式．重型机械，1980（3）：28~37.
[26] 杨海云．计算冷轧轧制压力的一种图算法．铜加工，1982（4）：1~4.

[27] 兰利亚．铜及铜合金冷连轧生产技术（内部资料）．1987.
[28] 重有色金属材料加工手册编写组．重有色金属材料加工手册第三分册．北京：冶金工业出版社，1978.
[29] 孔昭文，杨海云．金属压力加工图算集．北京：冶金工业出版社，1985.
[30] 兰利亚．铜板带材轧制生产国外考察报告．国外考察报告和技术引进交流资料汇编，1986，76～83.
[31] V. B. 金兹伯格（美）．板带轧制工艺学．北京：冶金工业出版社，2003.
[32] 董万余．采用大扁锭轧铜带的工艺特点．铜加工，1997（4）：1～4.
[33] 徐计，等．洛铜学术论文集．洛阳铜加工厂科学技术协会，1992.
[34] 姚若浩．金属加工中的摩擦与润滑．北京：冶金工业出版社，1990.
[35] 武汉钢铁设计研究院．板带车间机械设计师上、下册．北京：冶金工业出版社，1981.
[36] 蔡家炎，等．铜及铜合金金相图谱．北京：冶金工业出版社，1983.
[37] 杨海云，等．铜材表面清洗技术专题评述．铜加工，1982（2）：122～132.
[38] 娄燕雄．轧制板形控制技术．长沙：中南工业大学出版社，1993.
[39] 兰利亚，杨海云．铜板带轧制中的板形及板形控制．铜加工，1994（4）：50～57；1995（1）：59～67.
[40] 钟春生，等．板形检测方法研究趋向浅析．铜加工，1999（1）：16～17.
[41] 李耀群．俄罗斯铜板带生产的概况．高精度铜带暨电子工业用铜材技术与应用研讨会文集，2004：112～116.
[42] 兰利亚．国内外铜系引线框架材料的发展．铜加工业年评文集，1993（6）：25～35.
[43] 李宏磊，兰利亚．锡磷青铜板带材生产技术的发展．铜加工研究，2003（2）：14～18；（3）：7～13.
[44] 程镇康．锡磷青铜带生产技术的发展和几个关键问题的评述．高精度铜带暨电子工业用铜材技术与应用研讨会文集，2004：16～23.
[45] 兰利亚．铜及铜合金热轧带坯质量控制的综述．铜加工研究，2005（5）：1～5.
[46] 李耀群．我国铜板带行业生产及技术设备状况分析．中国铜板带箔生产技术及市场研讨会论文集，2003：9～13.
[47] 杨海云．关于加快我国铜加工发展的探讨．河南冶金，1983（2）：4～8.
[48] 梅恒星．现代铜加工分析检测技术．中国铜铝加工装备研讨会文集，2004（6）：270～289.
[49] П. И. 波卢欣，等．多辊轧机轧制．郭鸿运等译．北京：冶金工业出版社，1987.
[50] 兰利亚．关于H65扁锭热轧裂纹机理的初步探讨．铜加工，1986（4）：34～39.
[51] 向觉安．铜板带热处理炉国外考察报告．国外考察报告和技术引进交流资料汇编，1986：84～93.
[52] 张信钰．金属和合金的织构．北京：科学出版社，1976.
[53] 兰利亚，等．关于紫铜带退火后出现的强烈立方织构．铜加工，1985（4）：77～83.

[54] 兰利亚．铜合金板带材织构的特点及影响因素．铜加工，1983（1）：57～65.

[55] 李耀群．铜材加工技术与设备的开发研制．铜加工研究，2003（5）：16～18.

[56] 钟致政．高导无氧铜带的新型生产工艺．铜加工研究，2005（12）：5～6.

[57] 兰利亚，李宏磊．高精度铜板带加工设备引进的回顾及发展．中国铜铝加工装备研讨会文集，2004（6）：98～108.

[58] 兰利亚，秦光文．拉弯矫直技术在铜带生产中的应用．中国首届铜铝加工精整技术装备研讨会文集，2007：81～85.

[59] 兰利亚．铜及铜合金薄板、带材轧制中的板形控制及消除残余应力的方法．铜加工高新技术文集，2001：53～63.

[60] 王君．从行业热点看中国铜加工业的发展方向．中国铜加工行业研讨会文集，2007：4～13.

[61] 兰利亚，秦光文，陈少华．变压器带和电缆带的生产．中国铜加工技术创新文集，2006：312～318.

[62] P. 贝歇尔．乳状液理论与实践．傅鹰译．北京：科学出版社，1964.

[63] 李耀群，等．多辊轧机冷轧技术．北京：冶金工业出版社，1978.

[64] 赵宝良．罗马尼亚铜加工技术考察报告．国外考察报告和技术引进交流资料汇编，1986：140～153.

[65] 董志英．澳大利亚铜工业技术考察报告．国外考察报告和技术引进交流资料汇编，1986：109～139.

[66] 比埃德曼，等．有色金属工业的一体化方案．中国首届国际铜板带研讨会文集，2005：79～96.

[67] 曼弗雷德·柯勒．用于高精度铜板带的退火和清洗线的现状和发展．中国首届国际铜板带研讨会文集，2005：32～46.

[68] 法国格里塞公司．如何根据连接器及电子部件用带材的最新要求设计加工设备．中国首届国际铜板带研讨会文集，2005：97～103.

[69] 表博．连续光亮退火技术．中国铜加工技术创新文集，2006：511～513.

[70] 达涅利佛罗林公司．有色金属板带加工的最新趋势和技术．中国首届铜铝加工精整技术装备研讨会文集，2007：17～55.

[71] 黄刚．有色金属轧制油．北京赛达新技术研究所（内部资料），1998.

[72] 宋厚启，等．中国著名铜加工企业．中国有色金属加工工业协会，2004.

[73] 傅祖铸．有色金属板带材生产．长沙：中南大学出版社．2000.